URSULA LÖCKENHOFF

DogTeam

Mehrhundehaltung – für ein entspanntes Miteinander

MIT KOSMOS MEHR ENTDECKEN
Gruppen
— harmonie
erlangen & erhalten
SEIT 1822

KOSMOS

☞ *Inhalt*

8 **Zu diesem Buch**

11 **LEITFADEN 1 – DAS MITEINANDER**

12 **DIE GRUPPE – BASIS DER MEHR-HUNDEHALTUNG**

15 **Wie alles begann**

15 Vom Wolf zum Haustier

16 **Zutaten für eine Gruppe**

18 Rudel oder Gruppe

18 In guter Gesellschaft

19 Das Konstrukt DogTeam

20 Give me five

22 **Gruppenleiter**

22 Voraussetzungen für Mehrhundehaltung

23 Qualitäten des Leitmenschen

24 Theorie, eine gute Basis

25 Erfahrungen sammeln

26 SPEZIAL Aufnahme eines Pflegehundes

28 SPEZIAL Pflegestellen-Alltag

30 **Hunde sind soziale Lebewesen**

31 Der Ersthund

33 Der / die Neue

34 Soziale Kompetenz

35 Der Einzelne und seine Position

36 Gruppenzugehörigkeit

37 Der Dominoeffekt

38 Ist es ein Rüde?

40 Probleme der Mehrhundehaltung

42 INTERVIEW Der Sprung von zwei auf drei Hunde

47 **LEITFADEN 2 – DER LEITMENSCH**

49 **DER MENSCH IST ORIENTIERUNGS-PUNKT**

51 **Zum Leitmenschen werden**

51 Alltagstauglich für mehrere Hunde

51 Fokus auf der Gemeinsamkeit

52 PRAXIS ALLTAG Problembewältigung mit und in der Gruppe

54 Beziehung und Bindung

56 Ein führender Vertrauenslehrer

57 PRAXIS ALLTAG Meideverhalten

58 PRAXIS ALLTAG Die Begrüßung

59 Der soziale Austausch

59 Gruppenbindende Maßnahmen

60 Etablieren der Regeln

60 Verwaltung der Ressourcen

62 PRAXIS ALLTAG Fütterung von mehr als einem Hund

65 PRAXIS ALLTAG Pflege von mehr als einem Hund

66 Akzeptanz statt Gehorsam

67 Gerechtigkeit, Größenwahn und Gleichgewicht

68 Gruppendynamische Einflussnahme

70 PRAXIS ALLTAG Übungen für den Leitmenschen

72 Hilfsmittel für den Alltag

72 Der Maulkorb

73 PRAXIS ALLTAG Hund mit Maulkorb in der Gruppe

75 Die Box (Höhle)

76 PRAXIS ALLTAG Hundeboxen in der Gruppe

77 Die Leine

79 DIE ARBEIT MIT DER LEINE

80 DIE LEINE – DIE HAND ZUM HUND

83 Der gemeinsame Gang an der Leine

83 Mit der Leine eine Einheit bilden

84 Die Hand zum Hund

86 Kommunikationsmittel Leine

87 PRAXIS ALLTAG Sozialer Austausch über die Leine

90 PRAXIS ALLTAG Mehr Hunde, mehr Leinen

91 Führung von Kopf bis Fuß

92 Konflikte und Lösungen

92 Eigenkorrektur

94 SPEZIAL 5 Erfolgstipps für den Leinengang

96 Privatsphäre Leine

98 Sozialkontakte und die kurze Leine

98 Übungen für den Leinengang

102 Gesplitteter Freilauf

102 Gruppe zusammenhalten

103 PRAXIS ALLTAG Die Leine im Wechselspiel
104 Schleppleine
105 PRAXIS ALLTAG Handling der Schleppleine

107 LEITFADEN 3 – DAS REGELWERK
109 STRUKTUREN GEBEN SICHERHEIT

111 Hunde sind das Gegenteil von Langeweile
111 Familienbande
112 PRAXIS ALLTAG Der Welpe
113 PRAXIS ALLTAG Beispiele für Regeln im Alltag
114 Gemeinsamkeiten durch gruppenspezifische Werte
115 Konsequenz, Ausnahmen und Rituale
116 Regeln vorleben
119 Integration
119 Der Trieb und der Schlaf
120 PRAXIS ALLTAG Grundbedürfnis nach Ruhe
121 Die Regel „Ruhe“ etablieren
122 Gruppenspezifische Regeln
123 SPEZIAL 3 goldene Regeln für die Mehrhundehaltung

125 LEITFADEN 4 – KOMMUNIKATION
127 STIMME UND KÖRPER IM EINKLANG

129 Mensch und Hund
129 Die Kontaktaufnahme
130 PRAXIS ALLTAG Hunde bieten sich uns an
131 Hunde sind Nasentiere
132 Hinten ist alles in Ordnung
133 Von Kopf bis Rute
133 Im Lautaustausch
134 Menschliche Lautgebung
135 PRAXIS ALLTAG Beispiele für eine verständliche Kommunikation
137 Austausch von Zärtlichkeiten
138 PRAXIS ALLTAG Begrüßungsrituale
138 Unsere Hand wird zum Fang
140 Bande knüpfen, Bande vertiefen
141 Die Pfoten
141 Unsere Hand wird zur Pfote
142 Spielerisch verbunden
143 Vorsicht, Mobbing!
144 Spielesammlung
146 PRAXIS ALLTAG Raufen, Ringen, Rennen
147 Spielerische Statusfindung
148 Positionierung
149 ÜBUNGEN Überprüfung der eigenen körpersprachlichen Fähigkeiten
151 Ungehorsam ist eine Kommunikationsschwäche
152 SPEZIAL Ein sicherer Auftritt

157 LEITFADEN 5 – RÄUME
158 IN RÄUMEN DENKEN – GRENZEN SETZEN

161 Hunde denken territorial
161 Freier und besetzter Raum
161 Raum ohne Wand

163 Räume definieren
164 Abgrenzung
166 ÜBUNGEN Raum einnehmen und halten
168 Der Leinenraum
169 PRAXIS ALLTAG Raumdenken im häuslichen Umfeld schulen
170 Revierverhalten
172 Räume in der Natur
172 PRAXIS ALLTAG Raumdenken in der Natur schulen
174 ÜBUNGEN Raum schließen und öffnen
175 Freilauf – was ist dabei zu beachten?
176 PRAXIS ALLTAG Das Gnu-Prinzip
177 Neu im Revier
179 Hundebegegnungen
181 Warum also „Räume"?
182 Die Orientierung
182 ÜBUNGEN Gemeinsam orientieren
183 „Modern world"
184 SPEZIAL Abschied nehmen

186 SERVICE

186 Ein Wort zum Schluss
188 Zum Weiterlesen
189 Register

»In Gedenken an meine Mutter, die mich in meiner Arbeit mit den Tieren immer gefördert und unterstützt hat.«

Ursula Löckenhoff

ZU DIESEM BUCH

*»Dich selbst lenke mit dem Kopf,
andere aber lenke mit dem Herzen.«*

Chinesische Weisheit

Auf die Frage, seit wann ich eigentlich „Mehrhundehalter“ bin, fällt mir spontan der Einzug von Celine ein. Wenn ich aber gründlicher darüber nachdenke, und da sieht man, wie selbstverständlich sich Hunde durch mein Leben bewegen, erinnere ich mich, dass es viel früher begann. Nur damals machte man einen (zwei, drei oder vier) Hund(e) nicht zum Thema – ein Wort wie „Mehrhundehalter“ gab es gar nicht: Der Hund war ein Hund, und zwei waren zwei Hunde!
Als ich noch ein Kind war, lebten wir mit einem wohlerzogenen Dalmatiner an unserer Seite. Mein Vater war strikt gegen die Aufnahme eines weiteren Hundes. Nur die rothaarige Katze Johnny Walker konnte ich zusätzlich durchsetzen und glauben Sie mir, ich habe wirklich alles versucht. Mein Vater blieb so lange eisern, bis ich Dackelmix Ivie aus dem Tierheim mit nach Hause brachte. So wie nur Hunde uns Zweibeiner zu ihren Zwecken manipulieren können, hatte sie meinen Vater gleich durchschaut. Ivie blieb und bereicherte unseren Haushalt viele Jahre um einen weiteren tierischen Mitbewohner.
Hund Hannes, ein Findelkind, ausgesetzt und gefunden, trat in mein Leben und begleitete mich 17 wunderbare Jahre lang. Er war in dieser Zeit mein einziger Hund. Aber genauer betrachtet, lebten Hannes und ich bis zum Auszug aus meinem Elternhaus unter einem Dach mit Ivie, um dann mit meinem damaligen Freund und seiner Hündin Coco eine Hunde-Patchwork-Familie zu bilden. „Einzig“ ist also relativ – vor allem aus Sicht des Hundes. Mit Hannes lernte ich meinen heutigen Mann kennen und wir gründeten eine Familie, die tatsächlich nur einen Hund hatte. Ein Jahr nachdem Hannes starb, kam mit Whippet Bruno wieder ein Hund ins Haus. Windhunde, so erfuhren wir, leben nicht gern ohne Artgenossen. So trafen mein Mann und ich ganz bewusst die Entscheidung für ein „Ja“ zur Mehrhundehaltung, als Brunos Schwester Celine von der Züchterin aufgrund körperlicher Mängel abgegeben wurde und bei uns einzog.

Zu dem Zeitpunkt war der Hund gesellschaftlich längst „thematisiert“ und zum Wirtschaftsfaktor geworden. Der Tierschutz rückte ins Rampenlicht, durch die immer stärker werdende digitale Vernetzung sogar Länder übergreifend. Und so ergriff der Auslandstierschutz auch mich. Ein Hund ist kein Hund, und da wo ich einem helfen kann, hat auch ein weiterer Platz. Meine Whippets teilten großzügig und halfen mir, meine aufgenommenen Schützlinge zu resozialisieren. Wir schulten uns bei jedem weiteren Hund und es stellte sich gar nicht mehr die Frage: „Hätte einer nicht auch gereicht?“
Heute führe ich ein familiäres Hundehotel, bin nach wie vor im In- und Auslandstierschutz aktiv und bin eine Befürworterin der Mehrhunde-

haltung. Der Mensch ist zwar der wichtigste Sozialpartner für den Hund, kann ihm aber keinen Artgenossen ersetzen. Bevor wir jedoch – aus rationalen oder emotionalen Gründen – einen weiteren Hund aufnehmen, sollten wir uns die Frage stellen, wer mit unserem treuen Gefährten harmonieren könnte. Mitleid beispielsweise war noch nie ein guter Berater und auch nicht jeder Hund möchte einfach so vergesellschaftet werden.

Soviel sei vorab gesagt: Mehrhundehaltung muss man leben wollen. Es gibt keine Universallösung für ein harmonisches Zusammenleben mit mehreren Hunden, denn jeder Haushalt hat seine ganz eigenen, individuellen Abläufe. Machen wir uns bewusst, dass wir eine Gemeinschaft bilden, in der der Mensch als Gruppenleiter die Verantwortung dafür trägt, seine Hunde authentisch und klar zu führen. Im Hinterkopf sollten wir behalten, dass Hunde uns viel besser verstehen als wir denken. Setzen wir das im Miteinander ein, vereinfacht das die Kommunikation erheblich.

Ich möchte Ihnen eine andere, sehr ursprüngliche Seite unserer Hunde zeigen und zusammen mit Ihnen erarbeiten, wie man mit den eigenen Hunden oder auch den aufgenommenen Gasthunden eine harmonische Gruppe bildet. Das natürliche „Bedürfnis nach Zugehörigkeit“ spielt dabei eine große Rolle.

Viel Freude beim Lesen und Entdecken neuer Möglichkeiten im Zusammenleben mit mehr als einem Hund wünscht Ihnen, Ihre

Ursula Löckenhoff

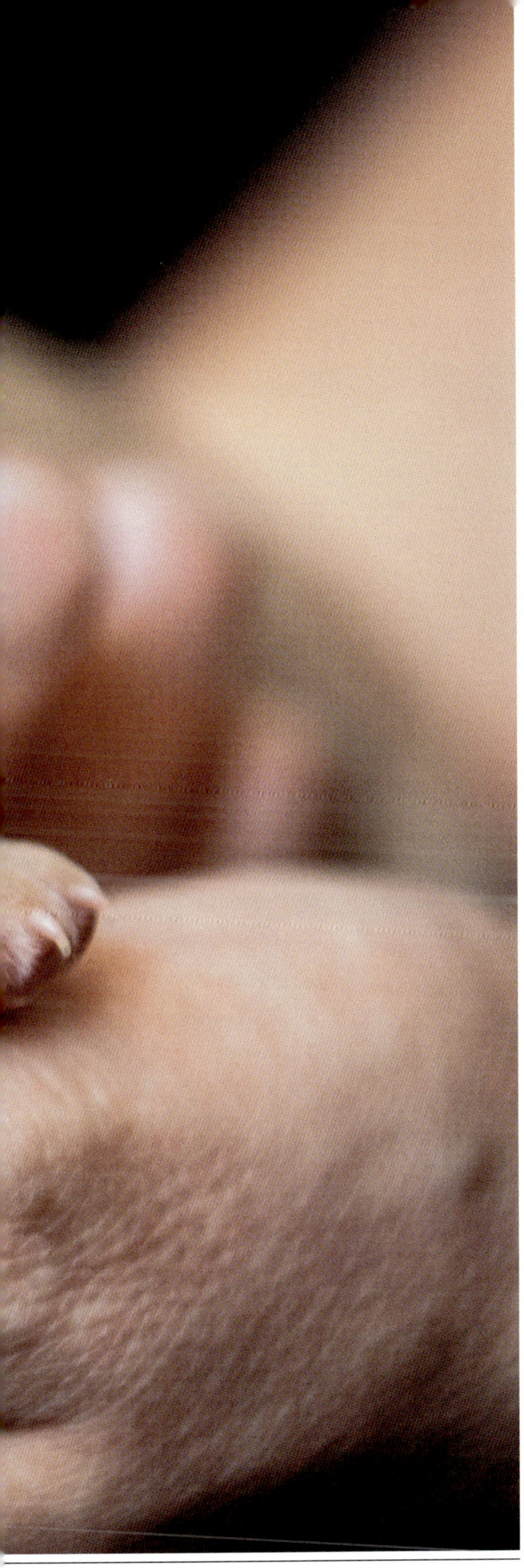

DAS MITEINANDER

— Die Gruppe bietet dem Einzelnen Sicherheit und Geborgenheit. Über das Zugehörigkeitsgefühl bringt sich jeder gruppenkonform ein.

DIE GRUPPE

— *Basis der Mehrhundehaltung*

WIE ALLES BEGANN

Eine Gruppe bietet Schutz, Intimität und Geborgenheit. Sie ist eine Gemeinschaft in gegenseitiger Verbundenheit und gilt als ursprünglichste Form des Zusammenlebens.

Soziale Kompetenz hat also evolutionären Ursprung: Es wurden die Individuen selektiert, die stabile, verlässliche und starke Beziehungen eingingen. Einzelgänger lebten gefährlich, im Kollektiv dagegen war die Nahrungsbeschaffung viel leichter und auch Gefahren wurden erfolgreicher gemeinsam abgewehrt. Das galt für Wölfe genauso wie für Menschen.
Wird der Haushalt mit mehr als einem Hund geteilt, ist es hilfreich, diese Ursprünge im Hinterkopf zu behalten. Wir bilden mit unseren Hunden eine Gemeinschaft, das heißt, je besser wir sie verstehen, desto harmonischer gestaltet sich das Zusammenleben. Natürlich geht es heute weniger um den Überlebenskampf, aber der Wunsch nach gegenseitiger Verbundenheit, Geborgenheit und Schutz ist geblieben. Ich nutze im Zusammenleben mit meinen Hunden genau dieses Grundbedürfnis eines Jeden nach Zugehörigkeit. Auf den folgenden Seiten möchte ich Ihnen gern zeigen, wie man sich als Mensch in der Mehrhundehaltung einbringt und worauf geachtet werden sollte, um ein gut aufgestelltes DogTeam zu bilden.

VOM WOLF ZUM HAUSTIER

Irgendwann vor langer Zeit gesellte sich der Wolf zum Menschen. Ob nun ein paar Wölfe erkannten, dass es Vorteile haben könnte, sich dem Menschen anzuschließen, oder umgekehrt, der Mensch den Wolf als Helfer für seine eigenen Unzulänglichkeiten und gute Ergänzung für die Gemeinschaft heranzog, sei dahingestellt.
Als der Wolf mit dem Menschen eine Gemeinschaft einging, war er nicht länger Wildtier, sondern ein Haustier, das sich im Lauf der Jahre immer mehr auf den Menschen einstellte. Während der Domestikationsphase pflanzten sich nur die Hunde fort, die bereit waren mit dem Menschen Bindungen einzugehen und so den an sie gestellten Anforderungen gerecht wurden. Anfangs beschränkte sich die Symbiose zwischen Mensch und Hund noch auf die gemeinsame Jagd, dann kam das Hüten der Viehherden hinzu. Die Hunde aber, die den Menschen nicht als Sozialpartner verstanden, wurden aussortiert. Die Anforderungen an den Hund wurden im Lauf der Zeit immer vielschichtiger und aus der Selektion entwickelte sich die Zucht. Es entstanden die unterschiedlichsten Rassen, die heute, sowohl optisch wie charakterlich, eine bunte Vielfalt an Hundetypen bieten. Eines aber haben alle Hunde gemeinsam: Über die Domestikation wurde genetisch festgelegt, dass der Mensch der wichtigste Sozialpartner für den Hund ist.

»Ein treuer Freund ist ein starker Schutz. Wer den findet, der findet einen großen Schatz.«

Altes Testament

ZUTATEN FÜR EINE GRUPPE

Meine Hunde, auch unsere Hundegäste, leben mit uns im Haus und nehmen am Familienalltag teil. Wir leben in einer Gemeinschaft und fühlen uns wohl im Miteinander.

»Wo keine Gemeinschaft ist, da kann auch keine Freundschaft sein.«

Platon

Die Hunde sind die Gruppenmitglieder, wobei das DogTeam nicht zu groß sein sollte, nur so können sich alle Hunde miteinander austauschen und untereinander soziale Beziehungen knüpfen. Der Mensch übernimmt die Aufgabe, die Gruppe zu leiten, denn auch eine Hundegruppe braucht einen Gruppenleiter – ich möchte es „Leitmensch" nennen. Er definiert Normen, Werte und Tagesabläufe und etabliert ein Regelwerk (siehe Regeln

Seite 107), bei dem sich die Hunde in einem gesunden Maß einbringen können. Darüber hinaus wird eine eigene Gruppenkultur geschaffen, die den Alltag für alle „Angehörigen“ passend strukturiert. Jeder kennt jeden und ist sich des anderen bewusst. Über den sozialen Austausch werden unterschiedliche oder auch gleiche Interessen sowie individuelle Aufgaben gefunden.
In meiner Gruppe kann ich Whippet Elsa dabei beobachten, wie sie rasend schnell große Bögen rennt, während Schäferhund Wolfi, typisch Hütehund, sie am liebsten auf der Stelle halten würde. Er setzt ihr also nach, um sie zu begrenzen. Während des „Fangspiels“ gehen beide ihren rassetypischen Interessen nach. Dabei erfüllen beide eine Aufgabe, die sie jeweils zufriedenstellt. Die innerhalb der Gruppe ablaufenden sozialen Interaktionen sind für mich immer wieder aufs Neue spannend zu beobachten. Die Gruppe schafft Vertrautheit, es werden Freundschaften aber auch Konflikte ausgetauscht.

MENSCH + HUNDE = HUNDEGRUPPE

Der Hundehalter und seine Hunde bilden eine Gruppe. Sie setzt sich folgendermaßen zusammen:

1. Gruppenleiter = Leitmensch (der Hundehalter)
— Er ist Orientierungspunkt (Vertrauensperson),
— steuert Kommunikation, verwaltet die Ressourcen und etabliert die GRUPPENREGELN.

2. Gruppenmitglieder = Hundegruppe (die Hunde)
— Die Mitgliederanzahl ist begrenzt, so ist ein sozialer Austausch zwischen allen möglich.
— Eine Gruppe schafft Vertrautheit und Zugehörigkeit („Wir-Gefühl“).

3. Regelwerk = Strukturen für den Alltag
— Es wird über eine verständliche Kommunikation etabliert.

4. Gruppenziel = Sicherung der Gruppenexistenz
— Nach innen harmonisch zusammenleben.
— Nach außen eine Gemeinschaft beziehungsweise eine geordnete Einheit abbilden.

Alle verbindet das Bedürfnis nach Zugehörigkeit.

Ein weiteres Beispiel: Wolfi weiß, dass Elsa mitten im „Fangspiel“ umdreht, sich ihm entgegenstellt, um ihn fest in die Lefze zu beißen. So kann sie sich gegen den größeren Rüden positionieren. Schon während sie wendet, weicht Wolfi aus, natürlich nicht, ohne sich gleichzeitig lautstark zu beschweren. Elsa weiß, dass ich aufgrund Wolfis nicht zu überhörender Beschwerde eingreife und die Situation in ihrem Sinne löse. Wolfi ist das auch recht, denn wer hat schon gern einen Whippet in der Lefze hängen? Beide Hunde interagieren unter meiner Aufsicht. Sie wissen, dass ich sie jeweils schütze und was sie vom anderen in bestimmten Situationen zu erwarten haben.
Dieses Wissen ist nichts anderes als eine Erwartungssicherheit, die für die Hunde, genauso wie für ihren Leitmenschen, auf den in und mit der Gruppe gemachten Erfahrungen basiert.

Der Mensch leitet seine Hunde im Miteinander an.

Hunde vergessen nicht: Meine Hundegäste erinnern sich bei jedem erneuten Urlaubsantritt an ihr Zugehörigkeitsgefühl.

RUDEL ODER GRUPPE

Bleiben wir zunächst bei der Definition des Begriffes „Gruppe". Müssten wir nicht von einem Rudel sprechen, wenn wir an mehr als einen Hund denken? Nein, nicht wirklich, denn ein Rudel ist ein Familienverbund, sprich Eltern- und Jungtiere. Halten wir mehr als einen Hund, sind diese jedoch meist zusammengewürfelt: unterschiedliche Elterntiere einer oder verschiedener Rassen. Wölfe beispielsweise leben im Rudel und bilden eine Familiengruppe. Ein Teil der Nachkommen verbleibt bei den Elterntieren.
Die anderen wandern ab, um Partner zu suchen und eigene Familien beziehungsweise Rudel zu gründen. Bei wild lebenden Haushunden konnte in Studien beobachtet werden, dass nicht der Familienverbund, sondern der Standort – das Territorium – für Nahrung, Fortpflanzungspartner und Sozialpartner beim Zusammenhalt solcher Gruppen die tragende Rolle spielt. Kommen Hunde in Großgruppen zusammen, bilden sich Untergruppen mit regelmäßigen Sozialkontakten und rudelähnlichen Strukturen, aber ohne die familiären Bindungen eines Wolfsrudels.

»Bei der Wahl eines weiteren Hundes sollten Herz und Verstand zusammenkommen.«

Ursula Löckenhoff

IN GUTER GESELLSCHAFT

Im Duden findet sich folgende Definition zum Begriff Gruppenbildung: „Bildung, Entstehung einzelner Gruppen innerhalb einer größeren Gemeinschaft von Menschen oder Tieren."
Egal ob es sich nun um regelmäßige Hundetreffen, Spaziergänge in Hundebegleitung, Besuch in der Hundeschule oder andere ähnliche Zusammenkünfte handelt: In guter Gesellschaft gruppiert man sich gern! Innerhalb von Großgruppen bilden sich wiederum Gemeinschaften mit gemeinsamen Interessen, die als kleinere Einheiten entsprechend rege Sozialkontakte pflegen. Die mitgeführten Hunde eingeschlossen, denn auch sie bilden bei solchen Treffen situative Gemeinschaften mit den Hunden, deren Gesellschaft ihnen angenehm ist.

Wichtig: Dass der Hund außerhalb des Hauses gern Kontakte knüpft, impliziert noch lange nicht, dass er mit einem neuen Kumpel vergesellschaftet werden möchte.

Windhunde brauchen Gesellschaft von Gleichgesinnten.

In der Mehrhundehaltung trifft der Hundehalter die Entscheidung, welcher neue Vierbeiner die Gemeinschaft bereichern soll. Bevor wir nun – aus rationalen oder emotionalen Gründen – einen weiteren Hund aufnehmen, lohnt sich also die Überlegung: Wer harmoniert denn überhaupt mit unserem treuen Gefährten und tut man ihm einen Gefallen mit einem weiteren Hund?

DAS KONSTRUKT DOGTEAM

Wie immer im Leben, ist nichts so einfach, wie es scheint. Wachsen Ihnen bei einem Hund schon graue Haare, sollten Sie sich gut überlegen, ob wirklich ein zweiter aufgenommen werden soll. Ein Hund, der die Probleme des ersten lösen muss, das kann kaum gehen. Und gleich zwei Hunde aufzunehmen, weil sie angeblich unzertrennlich sind, davon rate ich ebenfalls ab. In der Ruhe liegt die Kraft, und so sollte auch ein DogTeam langsam wachsen. Auf diese Weise lassen sich ausreichend Erfahrungen sammeln, und Sie können sich mit Ihrem Team weiterentwickeln. Und das sollte man wissen: Ausruhen ist fehl am Platz! Auch nicht, wenn man ein wunderbares Team aufgebaut hat, denn die Konstellationen innerhalb einer Hundegruppe sind nie starr – das Konstrukt DogTeam ist nie fertig. Gleichbleibende Mitglieder bieten eine gewisse Stabilität, aber auch hier bleibt es dynamisch. Allein die Alterungsprozesse bringen Umstrukturierungen mit sich. So werden in der Entwicklung einer Gruppe

Der Hundehalter ist verantwortlich für die Aufstellung seines DogTeams.

manchmal Phasen ausgelassen oder übersprungen oder die Gruppe fällt zurück und man fängt wieder von vorn an – egal wie, in jedem Fall ist der Einsatz des Leitmenschen gefordert. Regeln müssen aufgefrischt, Abläufe klarer eingehalten und der Einzelne eventuell in seiner Position gestärkt oder aber auch gemäßigt werden.
Deutlicher wird dies natürlich, wenn die Mitglieder häufig wechseln, beispielsweise bei der Aufnahme von Pflege- oder Gasthunden. Der Mensch trägt als Gruppenleiter die Verantwortung für die Hunde, die er sich vertraut gemacht hat. Bei weiteren Hunden werden bereits vorhandene Probleme nicht kleiner, das Gegenteil ist eher der Fall. Ein Zusammenleben mit mehreren Hunden sollte man sich also nicht verklärt romantisch vorstellen: Es ist anstrengend, erfordert Einsatz, ist abwechslungsreich und nie langweilig – man muss es leben wollen. Die Liebe zu jedem einzelnen der Hunde, kombiniert mit Führung und Struktur, lässt Vertrautheit und Gemeinschaftsgefühl in der Gruppe wachsen. Wenn der Einzelne zur Gemeinschaft gehören möchte, wenn er innerhalb der Gruppe ein harmonisches Miteinander und im Außenauftritt eine geordnete Einheit anstrebt, dann sichert er als Unterstützer des Leitmenschen das Fortbestehen der Gruppe. Hunde vergessen übrigens nicht. Habe ich mit meinen Gästen einmal dieses innige Band geknüpft, kann ich bei erneutem Gruppeneintritt genau an dieses Zugehörigkeitsgefühl wieder anknüpfen. Das ist jedes Mal aufs Neue berührend.

»Die Liebe zu jedem einzelnen der Hunde, kombiniert mit Führung und Struktur, lässt Vertrautheit und Gemeinschaftsgefühl in der Gruppe wachsen!«

Ursula Löckenhoff

GIVE ME FIVE

Wir leben mit unseren Hunden in einer Gemeinschaft, für die wir soziales Verhalten im Miteinander benötigen. Der eine oder andere Leser nimmt eventuell sogar noch zusätzlich Gasthunde wie Pflege- oder Urlaubshunde auf. Ein stimmiges Gruppengefüge lässt sich nicht trainieren, man muss es sich erarbeiten. Mit den „Give me five" gebe ich Ihnen einen Leitfaden für ein harmonisches Miteinander mit Ihren Hunden an die Hand.

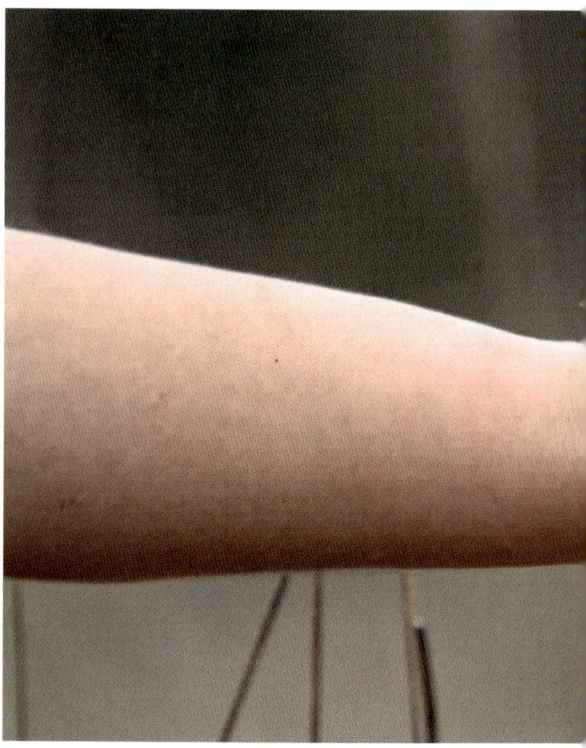

Leitfaden 1 – Die Gruppe bietet dem Einzelnen Sicherheit und Geborgenheit. Über das Zugehörigkeitsgefühl bringt sich jeder gruppenkonform ein. Hier im ersten Kapitel „Die Gruppe“ erläutere ich ausführlich, wie und warum sich Gruppen bilden und was dabei beachtet werden sollte.

Leitfaden 2 – Der Mensch übernimmt die Gruppenleitung und ist damit als Leitmensch Orientierungspunkt für den Einzelnen und die Gruppe. Das zweite Kapitel (Seite 47) zeigt dem Hundehalter, wie er sich als Gruppenleiter einbringen und positionieren kann, und welche Möglichkeiten ihm dabei zur Führung seiner Gruppe zur Verfügung stehen.

Leitfaden 3 – Regeln strukturieren die Gruppe und ihren Alltag. Das dritte Kapitel (Seite 107) vermittelt, wie wichtig Strukturen für eine Gemeinschaft sind. Ein Regelwerk, bei dem sich die Hunde gruppenkonform einbringen können, schafft Sicherheit für den Einzelnen und die Gruppe und ist damit ein entscheidender Wohlfühlfaktor.

Leitfaden 4 – Eine verständliche Kommunikation ist die Basis für soziale Interaktionen. In Kapitel vier (Seite 125) veranschauliche ich, wie die Hunde im sozialen Austausch miteinander agieren. Was sagt mir das über meine Hunde und was kann ich daraus lernen? Wie können die Erkenntnisse genutzt und im Alltag umgesetzt werden, um sich noch verständlicher auszudrücken?

Leitfaden 5 – Das Denken in Räumen hilft, das Gruppenziel zu sichern und zu halten. Das fünfte Kapitel (Seite 157) beschreibt, wie Hunde in Räumen denken und nach Begrenzungen suchen. Ich zeige, auf welche Weise der Hundehalter diese Räume erkennen, definieren und nutzen kann, um die Gruppe durch den Alltag zu führen. Über das Raumdenken gelingt es, das gemeinsame Ziel zu manifestieren:

— Sicherung der Gruppe nach innen durch ein harmonisches Zusammenleben.
— Sicherung der Gruppe nach außen durch Abbilden einer geordneten Einheit.

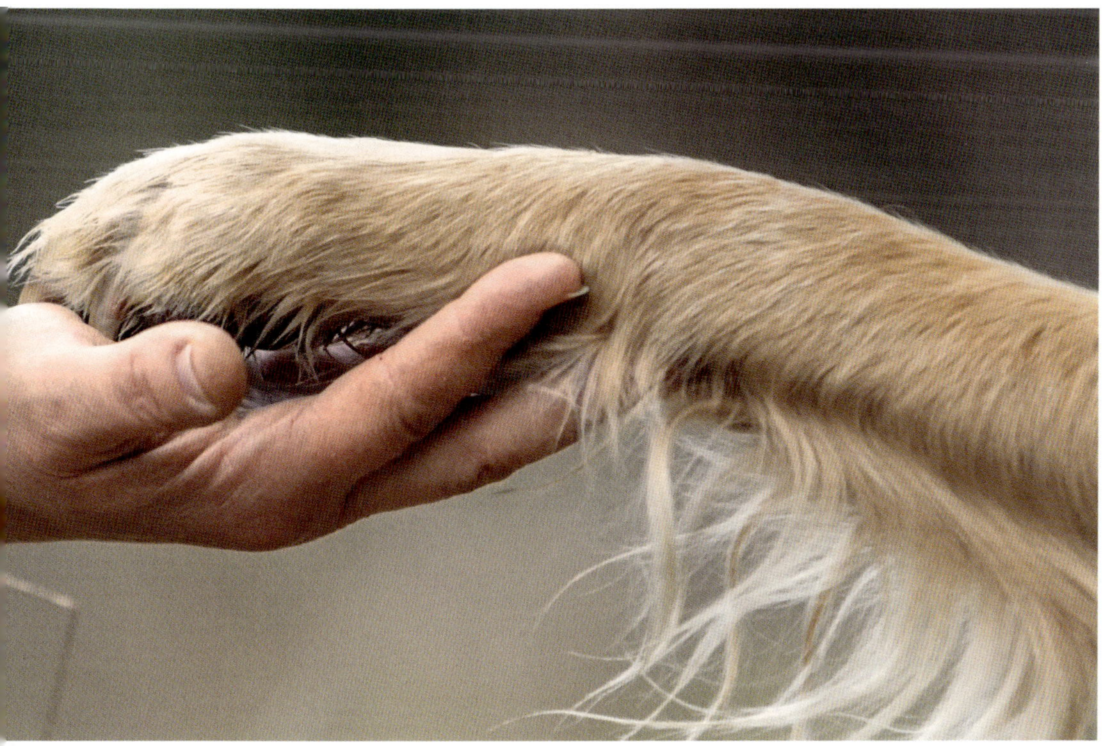

Hand in Hand mit unseren Hunden

GRUPPENLEITER

Rotten sich Hunde in freier Wildbahn zusammen, entscheiden sie selbst, mit wem sie sich zusammenfinden oder wem sie aus dem Weg gehen wollen. In der Mehrhundehaltung übernimmt der Hundehalter diese Auswahl und so wie ein Fußballtrainer seine Mannschaft zusammenstellt, so formt auch er seine Hundegruppe.

Dieses Kapitel hilft dabei, sich selbst zu reflektieren und darüber nachzudenken, ob man das Leben mit mehreren Hunde in Angriff nehmen möchte und welche Voraussetzungen man schaffen sollte.
Wir können uns aus den unterschiedlichsten Gründen für eine Mehrhundehaltung entscheiden: Der unsichere Hund braucht Unterstützung, der kleine Hund soll einen großen an die Seite bekommen oder es soll ganz einfach ein weiterer Hund ins Haus. Egal welche Gründe dabei eine Rolle spielen: Es ist eine Entscheidung des Hundehalters. Er ist verantwortlich für die Aufstellung seines DogTeams, für die Stimmung innerhalb der Gruppe und für den Außenauftritt. Mitleid ist beim Zusammenstellen der Gruppe sicher ein falscher Berater und auch rein nach Optik zu gehen, führt nicht zum Ziel. Herz und Verstand sollten bei der Auswahl des weiteren Hundes Hand in Hand gehen und der bereits vorhandene Hund sollte natürlich auch ein „Mitspracherecht“ bekommen.

VORAUSSETZUNGEN FÜR MEHRHUNDEHALTUNG

Bevor ein weiterer Hund ins Haus kommt, müssen alle Beteiligten in die Entscheidungsfindung involviert und damit einverstanden sein. Schließlich handelt es sich ja um ein weiteres Familienmitglied. Es sollte dabei im Vorfeld geklärt werden, wer der Hauptverantwortliche für die Hunde ist. Bei uns war das recht einfach, obwohl meine älteste Tochter noch mit ihren beiden Hunden mit im Haus wohnte, war dennoch klar, dass ich es bin. Bildet man beispielsweise eine Hunde-Patchwork-Familie, also beide Partner bringen Hunde mit in die Beziehung ein, dann sollte auch hier festgelegt werden, wer als Leiter zuständig ist. Natürlich können dabei Aufgaben innerhalb der Gemeinschaft aufgeteilt werden, zum Beispiel wer die Hunde füttert oder wer sie pflegt. Aber wie schon erwähnt: Jede Gruppe braucht einen Gruppenleiter, dadurch werden Kommunikationsprobleme und Missverständnisse innerhalb der Gemeinschaft vermieden.
Vor Aufnahme eines zusätzlichen Hundes sollte ebenfalls geklärt werden, ob das soziale Umfeld einverstanden ist, beispielsweise Vermieter, Nachbarn oder Arbeitgeber. Es könnten sonst Situationen entstehen, die sich nach dem Familienzuwachs nur unzureichend bis gar nicht lösen lassen.
Ein weiterer ganz wichtiger Punkt, der außerdem überdacht werden sollte, sind die Kosten: Futter, Ausstattung, Auto, Tierarzt, Steuer, Versicherung, Urlaub (und vieles mehr). Mehrhundehaltung ist kostenintensiv, muss daher unbedingt finanziell abgesichert sein. Gern vergessen wird eine Vertretung für den Notfall zu organisieren, für ein Ausfallen bei Krankheit oder aber auch bei Festlichkeiten. Für einen Hund lässt sich meist jemand finden – aber müssen zwei, drei oder ganz viele untergebracht werden, wird dies erfahrungsgemäß schwierig, vor allem wenn es zügig gehen muss.

Jeder Hund, den wir uns vertraut machen, vertraut uns.

»Soll Gemeinschaft gelingen, dann muss ich mehr für sie tun, als ich von ihr erwarte.«

Peter Amendt, Franziskaner

QUALITÄTEN DES LEITMENSCHEN

Mit jedem weiteren Hund steigen auch die Anforderungen an den Hundehalter. Je mehr Hunde gehalten werden, desto mehr sollten folgende Qualitäten zur Verfügung gestellt werden können:

— **Zeit** – Ein Hund macht Arbeit, zwei noch mehr. „Zusammen ist Hund weniger allein", kann nicht Grundlage für einen weiteren Hund sein, denn der wichtigste Sozialpartner für den Haushund ist der Mensch. Für mehrere Hunde braucht man entsprechend mehr Zeit.

— **Verantwortungsbewusstsein** – Jeder Hund, den wir uns vertraut machen, vertraut uns. Je mehr Hunde, desto mehr ist der Hundehalter in der Verantwortung.

Klare Haltung zeigen, deeskaliert Eifersucht. Leonie betreut ihre Hunde nach unseren Familienregeln.

— **Konsequenz / Zielstrebigkeit** – Je mehr Hunde im Haushalt wohnen, desto konsequenter sollte die Erziehung erfolgen. Soziales Verhalten muss erlernt und Tagesabläufe ritualisiert werden, das vereinfacht das Zusammenleben. Planlosigkeit in der Mehrhundehaltung führt ins Chaos.

— **Souveränität / Geduld / Stressresistenz** – Der souveräne Leitmensch lässt sich nicht schnell beeindrucken, ist geduldig und leitet seine Hunde vorausschauend und sicher durch den Alltag. Er ist der Orientierungspunkt für den Einzelnen und für die Gemeinschaft.

— **Humor** – Hunde bringen einen zum Lachen. Lebt man mit mehr als einem „Komiker" unter einem Dach, kann deren lustiger Einfallsreichtum mitunter eigenartige bis sehr spezielle Verläufe annehmen. Hier hilft ein guter Humor, denn er erspart einem so manches graue Haar.

THEORIE, EINE GUTE BASIS

Der Markt bietet zum Thema „Hund" und mittlerweile auch zur „Mehrhundehaltung" eine große Auswahl an Fachliteratur. Es gilt, sich immer wieder neu einzustellen, zuzuhören und weiterzulernen. Jeder Hund ist ein Individuum, bringt seine eigene Persönlichkeit und Geschichte mit und sorgt damit für eine Änderung im Gruppengefüge. Eine fundierte Theorie war noch nie schädlich, bevor man sich in die Praxis stürzt. Und da bekanntlich viele Wege nach Rom führen, gilt es zu selektieren: Was ist „meins", wo will ich hin und auf welche Art erreiche ich mein Ziel? TV-Dokumentationen und -Berichte, sowie YouTube-Videos runden das Angebot ab und visualisieren die Vielfalt (von oberflächlich bis anspruchsvoll) an Methoden für einen gelungenen Umgang im Miteinander mit seinen Hunden. Es gibt also genügend Möglichkeiten, sich

theoretisch zu orientieren und fortzubilden. Sitzt die Theorie, sollte man sein Wissen in die Praxis übertragen, sich ausprobieren und üben.

ERFAHRUNGEN SAMMELN

Praktische Erfahrungen zur Mehrhundehaltung, auch zu den unterschiedlichen Hundetypen, deren Eigenarten und Problematiken, lassen sich in Hundepensionen oder Tierheimen sammeln. In praxisorientierten Seminaren oder beim Anschluss an einen Dogwalker und seiner Hundegruppe können diese unter professioneller Anleitung umgesetzt und gefestigt werden. Schließt man sich einer gut geführten Hundegruppe an, wird dem interessierten Beobachter schnell klar, dass man mehrere Hunde nicht über reinen „Gehorsam" führen kann. Hunde werden in einer Gemeinschaft unglaublich kreativ, wenn es darum geht, ihren Mensch auszutricksen. Schließlich können sie uns viel besser lesen, als wir sie. Lässt sich zum Beispiel bei Willi im Einzeltraining das „Sitz-Platz-Fuß-Aus" jederzeit einfordern, klappt das noch lange nicht, wenn man mit Willi und Wilhelmine unterwegs ist. Hier reicht es nicht aus, seine Führungsqualitäten über ein einstudiertes „Down" zu demonstrieren, und auch der Einsatz von aversiven Mitteln, wie einer Wasserpistole, wirkt in einer Gruppe eher albern (zumal sie den einen oder anderen eventuell verschreckt).

Ein Beispiel Erinnern Sie sich daran, dass Sie beim strengen Nachhilfelehrer saßen und sich kaum getraut haben, Ihr Kaugummi im Mund zu bewegen? Im Klassenverbund mit dem gleichen Lehrer, genauso auf absoluten Gehorsam bedacht, reichte ein kleiner Reiz aus, um Sie zum Kichern zu bringen. Es ließ sich einfach nicht unterdrücken und je mehr man gluckste, desto mehr Kinder stimmten mit ein, bis schließlich das ganze Klassenzimmer grölte und tobte. So ähnlich verhält es sich auch mit unseren Hunden.

GUT VORBEREITET

Theoretische Vorbereitung:

— Fachliteratur zum Thema
— Seminare und Webinare zum Thema
— Videos (beispielsweise TV-Dokumentationen oder YouTube-Videos)
— Planung und Ziel definieren (zum Beispiel Arbeitshunde Sporthunde, Familienhunde: Was sollen die Hunde erfüllen?)

Praktische Vorbereitung

— Praktische Erfahrungen in Hundepensionen oder Tierheimen sammeln
— Anschluss mit oder ohne Ersthund an die Gruppe eines Dogwalkers
— Geführte Hundeausläufe mit dem Ersthund besuchen
— Aufnahme eines Gasthundes (Urlaubs- oder Pflegehund) (siehe Seite 26)

AUFNAHME EINES PFLEGEHUNDES *— aus dem Ausland*

In den ausländischen Tierheimen warten alte und junge, kleine und große Mixe genauso wie Rassehunde auf eine zweite Chance. Als Pflegestelle kann man diesen Hunden ein Sprungbrett auf dem Weg ins Glück bieten.

Die Aufnahme eines Hundes aus dem Ausland darf jedoch keinesfalls unterschätzt werden. Ein seriös arbeitender Tierschutzverein nimmt sich Zeit, um zu informieren, was es bedeutet, als Pflegestelle aktiv zu sein. Die erfahrenen Helfer vor Ort beurteilen die Tierheimhunde und gemeinsam wird überlegt, welcher der vielen Tierheimbewohner zur Pflegefamilie, der Wohnsituation und den bereits vorhandenen Hunden passen könnte. Eine übereilte „Rettung" und Mitleid hilft hilft den Hunden in Not nicht: Eine vernünftige Beratung dagegen minimiert Missverständnisse und daraus resultierende Probleme erheblich.

VORAUSSETZUNGEN FÜR EINE PFLEGESTELLE

Mindestens ein sicherer, sozialer Ersthund

Die ausländischen Hunde leben meist in Gruppen, sind oft nur wenig auf den Mensch geprägt und kennen auch häusliche Situationen nicht. Ein sicherer Ersthund gewährleistet, dass sich der aufgenommene Schützling zunächst am Hund orientieren kann. Er lernt so schneller zu verstehen, was von ihm in seinem neuen Leben als Haustier erwartet wird.

Hundeerfahrung

Die Pflegestelle sollte hundeerfahren sein. Ihre Kenntnisse und praktischen Fähigkeiten sollten im Vorfeld auf den aufzunehmenden Pflegehund abgestimmt werden. Bei einem chronisch kranken oder gehandicapten Hund darf zum Beispiel nicht Mitleid der Beweggrund für eine Aufnahme sein, sondern die Freude daran, eine eventuell aufwendige Betreuung zu leisten.

Zeit, Geduld, gute Nerven und Einfühlungsvermögen

Nur wer darüber ausreichend verfügt, kann dem Schützling einen guten Start ermöglichen. Manche Erziehungsdefizite wurden im ausländischen Tierheim nicht festgestellt wie zum Beispiel fehlende Stubenreinheit oder Verlassensängste.

Eigeninitiative bei der Vermittlung des Pflegehundes

Der Verein bietet eine Plattform für die Vermittlung, aber aussagekräftige Fotos vom Pflegehund, sowie ein passender und detaillierter Beschreibungstext müssen von der Pflegestelle verfasst werden. Man sollte ausreichend Zeit haben für die Beantwortung der Anfragen per E-Mail, für Telefonate und für den Besuch der Interessenten, die sich den Hund anschauen und gegebenenfalls adoptieren wollen.

Zustimmung zur Überprüfung durch den örtlichen Amtstierarzt

Ein seriös arbeitender Verein lässt die Hunde per Traces-Verfahren (offizielles Meldeverfahren zur Verbringung von Tieren innerhalb der EU) nach Deutschland einreisen. Das deutsche Amt registriert vorab sowohl den Verein, als auch die Pflegestelle. Eventuell geht dies mit einem Besuch des Veterinärs einher. Das ausländische Amt überprüft vor der Ausreise den Gesundheitszustand der jeweiligen Tiere. Es bestätigt dem deutschen Amt die Angaben zum Hund, den Ausreisetermin, den zuständigen Verein und die Adresse der Pflegestelle.

Diese beiden warten gelassen auf die Ankunft des neuen Pflegehundes. Sie werden dem neuen Schützling souverän zur Seite stehen und ihm zeigen, was von einem Familienhund erwartet wird.

02

PFLEGESTELLEN-ALLTAG

— *Aufnehmen, liebevoll anleiten, loslassen*

In den vielen Jahren aktiver Tierschutztätigkeit, konnte ich – und tue es noch – die unterschiedlichsten Hunde auf ihr neues Leben vorbereiten und passende Familie für sie finden.

Der aufgenommene Pflegehund muss lernen, was in seinem neuen Leben von ihm erwartet wird. Er braucht eine Anleitung, wie er sich als Haus- und Familienhund verhalten soll, Erziehung und oft auch medizinische Versorgung.

Geduld und Verantwortung

Selbst wenn die Pflegestelle im Vorfeld beraten wurde, können nicht immer alle Eventualitäten abgeklärt werden, denn die Hunde kennen meist nichts anderes als ein Leben auf der Straße oder im Tierheim. Sie müssen lernen, auf glatten Böden zu laufen, sich an Treppen, Fensterscheiben oder auch Fernseher gewöhnen. Sie müssen verstehen, dass die Küche keine Selbstbedienungstheke und die Fernbedienung kein Hundekauartikel ist. Manche Hunde treffen krank in der Pflegestelle ein; so werde ich nie vergessen, als die stark verschnupfte Lisura inmitten aller Hunde niesen musste, oder viel schlimmer, als bei Allegra nach ihrer Ankunft ein Nierenleiden diagnostiziert wurde. Es bleibt ein Restrisiko, dass der aufgenommene Hund mehr Umstände macht, als man dachte. Ich erinnere mich an die schöne blauäugige Celeste, die nur schwer stubenrein wurde; an Chonchi, die nicht allein bleiben konnte; an Morena, die meiner Hündin Celine das Ohr abbiss, und an die schöne Lady, die meinen Sohn anfangs verbellte.

01

03

Loslassen gehört dazu

Der aufgenommene Hund verlässt seine Pflegestelle und wird vermittelt, sobald sich die passende Familie für ihn gefunden hat. Das ist meist dann, wenn die gröbste Arbeit getan ist, der Hund also Grundkommandos und Hausregeln kennt, wenn er stubenrein ist, gut an der Leine läuft, nichts mehr vom Tisch klaut und vieles mehr gelernt hat. Da die Pflegehunde am Alltag teilhaben und ich viel Zeit und Nerven investiert habe, nimmt jeder der sein Köfferchen packt und

01 *Faraón im Tierheim Refugio Ciudad Animal. Dort haben ehrenamtliche Helfer an seiner Grunderziehung gearbeitet. Faraón hat so gelernt, dem Menschen zu vertrauen. Eine wichtige Basis, um weiter mit ihm arbeiten zu können.*

02 *Bei uns muss Faraón alles neu lernen. Aquatraining ist für ihn eine gute Möglichkeit, Selbstvertrauen auf- und Übergewicht abzubauen.*

03 *Der vierjährige Faraón hat bisher sein gesamtes Leben im Tierheim verbracht. Jetzt darf er endlich artgerecht Wald und Wiesen erleben.*

»Helfen macht einfach glücklich, es kann zur Leidenschaft werden!«

Ursula Löckenhoff

auszieht, ein Stück von meinem Herzen mit. „Loslassen können" gehört aber zur verantwortungsvollen Pflegestellenarbeit dazu. Natürlich kommt es ab und zu vor, dass sich einfach keine passende Familie meldet, dann heißt es, Geduld zu haben und nicht den Erstbesten, sondern den richtigen Menschen für den Hund auszuwählen.

Ein Platz für Rückkehrer

Auch wenn man einen seriösen Verein im Rücken hat, übernimmt man als Pflegestelle Verantwortung für das aufgenommene Tier. Wird der Schützling vermittelt und kommt, aus welchen Gründen auch immer, aus der Vermittlung zurück, sollte die Pflegefamilie bereit sein, den Hund wieder aufzunehmen, um ihm eine weitere Umstellung zu ersparen. Manche Schützlinge schleichen sich dann so fest ins Herz, dass man sie nicht mehr missen möchte. So ging es mir mit Macano, der sich Hunden gegenüber selbstsicher und selbstbewusst, Menschen gegenüber jedoch extrem scheu verhielt. Ich konnte von ihm viel über ursprüngliches, hündisches Verhalten lernen. Meiner Familie bin ich sehr dankbar, dass sie mir zuliebe Macanos Verhalten und den Aufwand, der mit seiner Haltung verbunden war, in Kauf genommen hat. Meine Bemühungen wurden belohnt, er wurde ein wichtiger Eckpfeiler der Hundegruppe und half mir besonders bei der Arbeit mit den skeptischen und menschenscheuen Schützlingen.

Engagierte Pflegestellen sind eine Unterstützung und Ergänzung der Tierheime und damit der Hunde, die unverschuldet in Not geraten sind. Lohn gibt es dafür nicht, aber Hunden zu helfen, macht einfach glücklich.

HUNDE SIND SOZIALE LEBEWESEN

Alle Hunde sind genetisch bedingt hochsoziale Lebewesen, kontaktfreudig und nicht gern allein. Mich begleiteten seit vielen Jahren Windhunde. Eine Rasse, bei der sich nicht die Frage stellt, ob sie lieber einzeln oder in einem Verbund leben, denn sie werden seit jeher in Gruppen gehalten. Es sind gesellige Tiere und sie leben artgerechter in einer Mehrhundehaltung. Aber kann man das auf alle Hunde projizieren?

Je intensiver Hunderassen darauf selektiert wurden eng mit dem Menschen zusammenzuarbeiten, desto mehr sinkt deren Motivation an einem Austausch mit Artgenossen. Trifft Ihr Hund unterwegs gern seinen Hundekumpel, heißt das nicht, dass er auch im Alltag alles, was ihm lieb ist, mit einem Artgenossen teilen möchte. Vor allem dann nicht, wenn er nie gelernt hat, zu teilen. Je intensiver Hunde darauf selektiert wurden, eng mit dem Menschen zusammenzuarbeiten, desto mehr sinkt deren Motivation an einem Austausch mit Artgenossen. Erst recht dann, wenn sie bisher in Einzelhaltung lebten. Natürlich lässt sich nichts pauschalisieren, denn werden Hunde bei der Zusammenführung und im sich anschließenden Alltag richtig angeleitet, ist der vierbeinige Familienzuwachs in der Regel eine Bereicherung. Hunde aus dem Auslandstierschutz zum Beispiel oder Hunde, die während der Abwesenheit des Hundehalters tagsüber einen Hort besuchen, haben immer schon gelernt zu teilen und lassen sich leichter vergesellschaften. Hunderassen, die selektiert wurden selbstständig zu agieren, Windhunde zum Beispiel, bilden meist problemlos Gruppen mit stabilem, sozialem Gefüge. Je stärker die Motivation am innerartlichen Austausch ist, desto geringer ist der Wunsch, sich mit dem Menschen

Auch ein ungleiches Paar kann eine gute Gruppenzugehörigkeit haben.

Diese beiden sind sozial kompetent, sie stellen sich beim Spielen aufeinander ein.

auseinanderzusetzen, geschweige denn, sich Vorgaben machen zu lassen. Hat man kein Gespür für die feine, sehr ursprüngliche Kommunikation dieser Hunde, besteht die Gefahr der Verselbstständigung bis hin zur Verwilderung der Gruppe. Genetik ist nicht alles, aber sie gibt Auskunft darüber, zu welchem Typ Hund sich der Welpe entwickeln wird. Rasse und Herkunft sollten also in die Entscheidung für ein weiteres Familienmitglied mit einfließen – und, ich wiederhole es gern noch einmal: die Überlegung, was ein weiterer Hund für unseren bisherigen Hund bedeuten könnte.

DER ERSTHUND

Die Hunde sind die Gruppenmitglieder, als solche tauschen sie sich aus und gehen Beziehungen ein. Der innerartliche Austausch stärkt den Zusammenhalt und die Bindung an die Gruppe. Ausgetauscht werden Schutz, Liebe, Freundschaft und Geborgenheit, aber auch Aggression, das ist völlig normal und aus sozialen Interaktionen nicht wegzudenken. Kommt ein weiterer Hund in die Familie, sollte der Ersthund die Grund-

»Das Zusammenleben mit mehreren Hunden ermöglicht dem Hund, Hund sein zu können.«

Ursula Löckenhoff

regeln im Zusammenleben mit dem Menschen bereits kennen. Nicht, dass ich hier vom perfekten Hund sprechen möchte, den gibt es zum Glück genauso wenig wie den perfekten Menschen. Ich meine damit mehr, dass der Hundehalter bereits einen Gefährten an der Seite haben sollte, der dabei hilft, den Neuen in den Alltag einzuführen. Das erspart dem Halter viel Arbeit und Probleme, denn Hunde schauen gern und gut voneinander ab. Natürlich auch die „schlechten“, weniger erfreulichen Dinge. Habe ich folglich einen Ersthund, der am Zaun bellend die Nachbarskatze vertreibt, wird der Zweithund dies schnell nachahmen. Der Halter sollte jegliche Aktivität des Ersthundes jederzeit abbrechen können.

01

02

»Beim Zusammenstellen der Gruppe sollte man das Ziel im Auge behalten.«

Ursula Löckenhoff

Das „Stopp“ oder „Nein“ – wie immer man den Abbruch betitelt – sollte dem Hund genauso geläufig sein, wie der Rückruf. Je besser die Kommunikation mit dem Ersthund abläuft, desto schneller versteht auch der dazukommende Hund, was von ihm erwartet wird. Ist der Ersthund ein präsenter und ungeduldiger Hund? Dann sollte er nicht nur lernen zu warten, sondern sich auch zurücknehmen können. Das wird er in der Mehrhundehaltung zwangsläufig tun müssen, umso besser, wenn sich bereits im Vorfeld die Welt nicht nur um den Basishund dreht (Einzelkind-Syndrom). Sehr hilfreich ist es auch, wenn der bereits vorhandene Hund sicher an der Leine läuft. Er sollte die Begrenzung akzeptieren und sich dem vorgegebenen Tempo des Halters bereitwillig anschließen. Lässt er sich auch in Reizsituationen gut führen und nicht von der Nachbarskatze oder dem kläffenden Terrier ablenken, ist er tatsächlich ein nahezu perfekter Ersthund. Sein vorgelebter Wissensvorsprung macht es möglich, aus gemeinsamen Handlungen gruppenbindende Maßnahmen zu entwickeln und er trägt maßgeblich dazu bei, ein harmonisches DogTeam nach den Vorstellungen des Leitmenschen zu formen.

BASISKÖNNEN DES ERSTHUNDES

Sicherer Abbruch / Stopp
— im Trieb steuerbar sein

Zuverlässiger Rückruf
— gut auf Ansprache reagieren

Warten können
— sich zurücknehmen können

Sichere Leinenführigkeit
— Raumvorgabe der Leine akzeptieren
— dem vorgegebenen Tempo anschließen
— in Reizsituationen problemlos zu führen

03

01 – 03 Leitrüde Macano verdeutlicht mit wenig Aufwand dem Junghund Wolfi die Regeln im Miteinander. Wolfi signalisiert Respekt und seine Bereitschaft die Regeln zu befolgen. Der Wunsch erzogen zu werden, ist ein wesentlicher Faktor gruppenbindender Verhaltensweisen (siehe Regelwerk, Seite 107).

DER/DIE NEUE

Eingliederungs- und Gruppenbindungsprozesse sind möglich, weil Hunde von Natur aus hochsozial und anpassungsfähig sind. Sie bleiben ihr Leben lang neugierig, das lässt sie bis ins hohe Alter lernfähig und damit erziehbar bleiben. Kommt ein neuer Hund ins Haus, ist dieser zunächst beeindruckt und hat viele Fragen: Wie soll er sich verhalten? Welche Position kann er einnehmen? Hunde möchten ihre Neugier stillen und lernen dürfen. Der Wunsch erzogen zu werden, ist damit ein wesentlicher Faktor gruppenbindender Verhaltensweisen. Nach dem Eintritt in die Gruppe durchlebt der neue Hund die Sozialisationsphase, dabei lernt er Normen und Tagesabläufe der Gruppe kennen (siehe Regelwerk, Seite 107). Dies geschieht nicht einseitig, auch die Gruppenmitglieder schauen, wie der Neue „tickt" und wie er einzusortieren ist. Zeigt der Neue die Bereitschaft sich einzufügen, die Regeln und die ihm zunächst zugedachte Position zu akzeptieren, ist er integriert und hat sich auf die Gruppe festgelegt. Sein Verhalten wird für die anderen vorhersehbar, genauso wie das Verhalten des Leitmenschen und der Gruppe für den Neuen.

Jeder Hund weiß instinktiv, dass bei Regelverstoß eine negative Reaktion zu erwarten ist – auch der Neuling sucht seine Grenzen (siehe Räume, Seite 157). Die größte Strafe ist sicher der Gruppenausschluss (Wegscheuchen, Wegsperren) – für mich keine Option, da dies für Hunde in der Gruppenhaltung keinen Sinn macht. Schließlich arbeite ich beständig am Gruppenzusammenschluss und und am Miteinander und nicht am Gruppenausschluss. Und Achtung, gerade bei Straßenhunden kann dies kippen. Autark wie sie sein können, entscheiden sie sich im Zweifel für den Alleingang und agieren nicht mehr gruppenkonform. Je mehr sich Position und Aufgaben rund um den Neuen festigen, desto weniger bedarf er besonderer Aufmerksamkeit. Normalität und Stabilität der Gruppe und die damit verbundene Sicherheit stellen sich wieder ein.

SOZIALE KOMPETENZ

Es ist Ansichtssache, ob das Zusammenleben mehrerer Hunde nun von Vor- oder Nachteil für den Einzelnen ist. Als Befürworter der Mehrhundehaltung überwiegen für mich die Vorteile. Das Zusammenleben mit mehreren Hunden ermöglicht dem Hund, Hund sein zu können. Fragt man jedoch unseren beuteaffinen Gast Vizsla Henry, hatte er anfangs einen ganz anderen Standpunkt zu dem Thema. Henrys Schwäche war das Teilen. Kam er zu Besuch, nahmen wir darauf Rücksicht und solange er sich freundlich verhielt, machten wir ihm seine „Beute“, den Stock, das Spielzeug oder Ähnliches, nicht streitig. Für die anderen war seine Beute ohne Bedeutung und sich mit Ressourcen abzugeben, die unwichtig sind, machte auch für Henry keinen Sinn. Die Gruppe akzeptierte ihn und seine „Macken“, das machte es Henry möglich, sich in ihrer Gesellschaft fallen zu lassen und wohlzufühlen. Für mich gibt es nichts Schöneres, als Hunde, die sich dann aus meinem Fokus lösen, um den Austausch mit Ihresgleichen zu suchen, zum Beispiel gemeinsame Schlafplätze aufsuchen oder mit den anderen um Beute zergeln und Kräfte messen. In der Einzelhaltung dreht sich oft alles nur um den einen Hund und nur allzu oft werden die Hunde regelrecht überfrachtet mit Kuschel- , Trainingseinheiten und vielem mehr. In der Gruppe kann der Einzelne „untertauchen“, er ist einer unter seinesgleichen und das nimmt manchem Vierbeiner eine große Last von der Schulter. Hunde lernen, im sozialen Miteinander sich selbst zurückzunehmen, das ist in der Mehrhundehaltung ganz wichtig, denn zur sozialen Kompetenz gehört vor allem die Rücksichtnahme. Gesunde Hunde agieren ohne Anleitung egozentrisch. „Alles meins!“ ist ihr Motto. Rücksichtnahme ist nur dann selbstverständlich in der Hundewelt, wenn sie entsprechend durch Erziehung vermittelt wird. Bekommt der Senior einen Welpen an die Seite, muss der Junge lernen, Rücksicht zu nehmen, das heißt, er wird begrenzt und der Alte geschützt. Umgekehrt darf es der Senior genauso wenig mit Erziehungsmaßnahmen übertreiben. Für ein harmonisches Miteinander sind unsere Haushunde dabei auf die Anleitung ihres Leitmenschen angewiesen. Je mehr Hunde wir halten, desto stärker ist unsere Präsenz und Anwesenheit gefordert.

Zur sozialen Kompetenz gehört vor allem die Rücksichtnahme. Bekommt der Senior einen Welpen an die Seite, muss der Junghund lernen, Rücksicht zu nehmen.

01

01 Hunde sehen sich nicht als Verlierer, sie sehen sich als Teil des Teams.

02 Der vermutliche „Gewinner" muss sich weiter gruppenkonform verhalten, sodass spielfreudige Gruppenmitglieder weiterhin Spaß an den gemeinsamen Interaktionen haben.

02

DER EINZELNE UND SEINE POSITION

Jeder Hund muss seinen Platz innerhalb der Gemeinschaft finden, seine Nische sozusagen. Er braucht eine Aufgabe, über die er sich positionieren kann. Damit sind nicht die Aufgaben gemeint, die der Mensch an den Hund stellt, wie zum Beispiel den „Apport" oder Kunststücke wie „Rolle" oder „Peng", sondern die kleinen Dinge des Alltags. Das Verhalten im Miteinander, zum Beispiel den Liegeplatz zu teilen, oder sich ruhig zu verhalten, wenn andere aufgeregt sind, oder souverän erzieherisch tätig sein – es gibt so unendlich viele kleine und große Aufgaben für Hunde innerhalb einer Gemeinschaft. Daraus entwickeln sich Position und Status des Einzelnen innerhalb der Gruppe. Bei uns ist Elsa nicht zu unterschätzen, denn sie stellt sich als „Opposition" mir entgegen und deckt akribisch Lücken im System auf, Inkonsequenz zum Beispiel oder wenn ich kränkle und Schwächen zeige. Wolfi dagegen, ist ein unermüdlicher Arbeiter, immer zur Stelle, wenn ich Hilfe brauche. Rossi ist der größte Fan und die rechte Hand von Senior Macano, der trotz fortgeschrittenen Alters, seinen hohen Status charismatisch ausfüllt. Übrigens sehen Hundehalter ihren Hund vorzugsweise an ranghoher Position. Aber für eine stimmige Gruppe sind die rangniedrigen Mitglieder genauso wichtig. Was wäre beispielsweise der Chefkoch ohne seine Hilfsköche, der Dirigent ohne Orchester – auch in einer Hundegruppe braucht der Ranghöchste die Akzeptanz der anderen Mitglieder. Als Leitmensch muss ich genau hinschauen, um nicht, ich bleibe bei dem Orchesterbeispiel, aus dem Kontrabassspieler den Dirigenten zu machen – es würde ein schräges Lied dabei herauskommen. Auch wenn der Hundehalter den Ersthund lieber an „erster" Stelle gesehen hätte, so sollte er doch akzeptieren, wenn das neue Familienmitglied das alte Gefüge neu sortiert. Hunde erkennen den ranghöheren Status des anderen an, instinktiv wissen sie, dass sich sonst keine Harmonie einstellt. Es ist durchaus rechtens, den Status infrage zu stellen, dabei darf es auch laut und ruppig zugehen, sollte aber immer im gegenseitigem Respekt ablaufen (siehe Goldene Regel, Seite 123). Entscheidend ist dabei: Situationen, die zu eskalieren drohen, werden nicht von den Hunden sondern von ihrem Leitmenschen geklärt. Im Zweifel lieber zu früh, als zu spät eingreifen – ein gelungener Abbruch stärkt die eigene Position. Greift man jedoch immer zu früh ein oder unterstützt den „falschen" Hund, bleibt der Status ungeklärt.

Beispiel Es kommt eine junge unsichere Hündin zu einer Ersthündin in die Familie. Die Neue fügt sich schüchtern und zurückhaltend ein. Nach einer Woche gibt es Streit um einen Kauknochen. Die Halterin ist sofort zur Stelle, verhindert den Konflikt. Sie ermuntert die Neue, ihre Zurückhaltung aufzugeben und ruhig mal etwas forscher aufzutreten. Der Streit wurde also nicht ausgetragen, die Neue konnte ihre Grenzen nicht erfahren und wurde stattdessen in einer nicht angemessenen Position bestärkt. Daraus folgt: Sie sucht förmlich nach einer weiteren Möglichkeit, sich mit der Althündin zu messen. Der nächste Konflikt fand in Abwesenheit der Halterin statt. Hätte die neue Hündin dabei „kleine Brötchen" gebacken und den Status der erfahrenen Althündin anerkannt, wäre der Streit sicher glimpflicher ausgegangen.

Zur Statusfindung müssen Hunde ihre Grenzen kennenlernen dürfen. Das geschieht unter anderem über das gemeinsame Spiel (siehe Kommunikation, Seite 142). Bekommt Elsa die Beute von Wolfi abgenommen, sollte ich sie nicht bedauern und ihr die Beute zurückorganisieren. Hunde sehen sich nicht als Verlierer – es sind wir Menschen, die das tun – sie sehen sich als Teil des Teams, in dem jeder auf seine Art gewinnt. Meine Aufgabe als Leitmensch ist es nicht, den Konflikt zu verhindern, aber darauf zu achten, dass er nicht ausartet. Der vermutliche „Gewinner" muss sich weiter gruppenkonform verhalten, sodass spielfreudige Gruppenmitglieder weiterhin Spaß an den gemeinsamen Interaktionen haben.

Wolfi erzieht Junghund Elsa.

»Lasse jeden in deiner Gruppe zur individuellen Persönlichkeit wachsen.«

Michael Marie Jung

GRUPPENZUGEHÖRIGKEIT

Strukturierte und ritualisierte Handlungsabläufe machen die Zugehörigkeit für den Neuen wahrnehmbar: Jeden Tag geht es gemeinsam raus, so auch für den Neuen; jeden Abend gibt es eine kleine Ecke Leberwurstbrot, so auch für den Neuen und so weiter – der Neue lernt alle Abläufe kennen und schätzen. Das neue Gruppenmitglied fühlt sich dann wohl in der Gemeinschaft, wenn diese von einem erfahrenen Starken, der Schutz und Sicherheit vermuten lässt, angeführt wird. Angemessenes (!) Disziplinieren wird also als positiv empfunden, es stärkt das Band zwi-

Über angemessenes (!) Disziplinieren wächst sie zur Persönlichkeit heran.

schen Hund und Halter und schafft eine Grundlage für Vertrauen. Je mehr Vertrauen das neue Gruppenmitglied entwickelt, desto stärker wird auch sein Zugehörigkeitsgefühl. Der Einzelne ist dann Teil der Gruppe, wenn er die gruppenspezifischen Regeln verstanden und akzeptiert hat. Die Ersthunde haben unter Aufsicht des Leitmenschen den Neuen mit diszipliniert und lassen ihn an ihrem Alltag teilhaben. Der Neue ist integriert und formt den Auftritt und das Verhalten der Gruppe mit. Er identifiziert sich mit ihr, übernimmt deren Eigenschaften und den bestehenden Verhaltenskodex. Das macht einmal mehr deutlich, welche entscheidende Rolle der Leitmensch, in Kombination mit seinem Ersthund, beim Aufbau seiner Hundegruppe hat.

SICHTBARE ZUGEHÖRIGKEIT

Die Zugehörigkeit entwickelt sich aus der Akzeptanz des Regelwerkes (siehe Regelwerk, Seite 107). Sie grenzt Gruppenmitglieder von Nicht-Mitgliedern ab:

- nach innen: durch sozialen Austausch werden Beziehungen geknüpft
- nach außen: durch Abgrenzung

DER DOMINOEFFEKT

Ein gutes Zugehörigkeitsgefühl hat seine Tücken, wenn die Gruppe sich vom Leitmenschen abkapselt und zunehmend eigene Entscheidungen trifft. Über den kleinen niedlichen Alfi (Chihuahua-Mix) zum Beispiel, sieht man mit lachendem Auge hinweg, wenn er sich auf dem Küchentisch sonnt (wie auch immer er da raufgekommen ist). Und weil er so goldig und klein ist, wird er auch nicht korrigiert, wenn er bellend auf Fremdhunde zuläuft: „Der tut nix!" das nehmen einem alle Entgegenkommenden freundlich ab. Jede Handlung innerhalb der Gruppe aber, egal ob aktiv oder passiv, ist dynamisch und gehört zu den Prozessen der Statusfindung. Das gilt für alle Hunde, auch für die kleinen, besonders niedlichen Hunde. Gibt einer aus der Gruppe überzeugend „den Ton an", schließen sich die anderen bereitwillig an. Es stürmt dann nicht ein Hund bellend auf Passanten zu, sondern gleich mehrere und das ist auf keinen Fall länger niedlich. Ich nenne es Dominoeffekt: Tippt man ein Steinchen an, setzen sich alle weiteren unaufhaltsam in Bewegung. Kommt ein Hund nicht auf meinen Rückruf, probiert es der nächste auch mal aus; setzt sich ein Hund, entgegen meiner Aufforderung zu warten,

Dominoeffekt: Tippt man ein Steinchen an, setzen sich alle weiteren unaufhaltsam in Bewegung. Ein gutes Zugehörigkeitsgefühl hat seine Tücken, wenn die Gruppe eigene Entscheidungen trifft.

in Bewegung, laufen die anderen gleich hinterher. Setze ich auf das Zugehörigkeitsgefühl, muss meine Position als Leitmensch, als Anführer der Gruppe, von jedem Mitglied verstanden werden. Das erreichen wir ganz unspektakulär durch Konsequenz. Werden Privilegien eingeräumt, müssen sie für alle Mitglieder plausibel kommuniziert werden.

Führe ich einen neuen Hund in die Gruppe ein, bleibt er anfangs an der Leine. Mit mir Hand in Hand lernt er die Hunde und unsere Gruppenregeln kennen, ganz nebenbei positioniere ich mich als Leitmensch: Ich begrenze und biete Schutz. Beginne ich mit dem Freilauf, läuft der Neue nur mit den zuverlässigen Hunden, um einen Dominoeffekt in der Gruppe zu vermeiden. Je selbstverständlicher der neue Hund mich als Leitmensch akzeptiert und je sicherer er seinen Status innerhalb der Gruppe findet, desto weniger bedarf er meiner besonderen Aufmerksamkeit. Bei manchen Hunden ist das ein sehr langer Weg, bei anderen geht es schneller. Mit dem Dominoeffekt sollte ich in der Mehrhundehaltung immer rechnen, deshalb arbeite ich mit meinen Hunden im Wechselspiel zwischen Freilauf und Leine. Ich handele entsprechend vorausschauend, um Belästigungen oder gar Gefahren zu vermeiden.

IST ES EIN RÜDE?

„Rüde oder Hündin, kastriert oder intakt, wofür würden Sie sich in unserem Fall entscheiden?“ Das werde ich oft gefragt, aber leider kann ich diese Frage nicht für Sie beantworten. Haben Sie bereits einen starken Rüden, ist es sicher konfliktfreier eine Hündin dazu zu holen – muss es aber nicht. Haben Sie Hündin und Hündin, steht dem Vorhaben nichts im Wege, eine weitere Hündin einziehen zu lassen, und bei Rüden verhält es sich genauso. In Studien an wild lebenden Hunden konnte festgestellt werden, dass es Hündin und Rüde sind, die eine emotionale Bindung eingehen und sich mit weiteren Rüden als Helfer gruppieren (Ganzloßer/Kirchhoff). Bestimmt aber sollte in der Konstellation Rüde und Hündin, einer von beiden kastriert sein. Im vorherigen Absatz habe ich über Triebe gesprochen. Der Sexualtrieb ist in der Gruppenhaltung ein Störfaktor, er sorgt für Probleme bei der Harmoniefindung. Das konnte auch bei den wild lebenden Hunden beobachtet werden: Wird die Hündin läufig, kommt es zu Spannungen in der Gruppe, die Tiefe der Bindung wird nebensächlich, entscheidend für die Paarung ist jetzt die Ranghöhe des Rüden. Es ist alles machbar, natürlich – aber als Leitmensch

»Liebschaft duldet keine Gemeinschaft.«
Sprichwort

muss ich viel Energie aufbringen, um das Gruppengefüge trotz läufiger Hündin zu erhalten. Ein Separieren ist möglich, aber die Gruppe wird dann auseinandergerissen und muss sich bei Austritt und Eintritt der Hündin neu formieren. Dazu kommt, dass die Hormone nicht nur in den Stehtagen verrückt spielen, sondern sich auch vorher schon Unruhe in der Gruppe breitmacht – der Stresslevel innerhalb der Gemeinschaft steigt, mancher Rüde stellt sogar das Fressen ein. Nach der Hitze kommt es häufig zu Scheinschwangerschaften, das Gesäuge schwillt schmerzhaft an und die Hündin ist leidig und gereizt. Spielzeuge werden als Kindersatz gehortet, die Hündin agiert für die Gruppe nicht mehr erwartungsgemäß, sondern zickt die anderen von Beute und Schlafplatz weg. Eine Korrektur richtet sich jetzt nicht gegen schlechtes Benehmen, sondern stellt sich gegen die Hormone. Wenn Sie mich also fragen, würde ich Ihnen bei gemischten Gruppen zur Kastration der Hündin raten, denn auch die Kastraten spielen bei einer läufigen Hündin verrückt. Der Sexualtrieb ist ein nicht zu unterschätzender Trieb, der innerhalb der Gruppe für Rivalitäten und Spannungen sorgt.

Auch bei kastrierten Hunden erkennen die anderen sehr gut, um welches Geschlecht es sich handelt. Mein Wolfi ist ein intakter Rüde, das was sich die Mädels bei ihm erlauben, das dürfen sich die Jungs noch lange nicht herausnehmen, so werden die Mädels angespielt, während die Jungs sich gegenseitig produzieren. Meine Rüden Wolfi, Herr Rossi und Macano agieren zuverlässig und arbeitswillig und haben eine gute Akzeptanz bei unseren Hundegästen. Als meine Whippets starben, wusste ich aber, dass ich gern wieder ein Mädchen im Team hätte, und so kam Kora zu uns. Meine Jungs hätten sicher auch ein weiteres männliches Mitglied akzeptiert. Aber das muss jeder Hundehalter für sich, seine Hunde, seine Situation und sein Ziel entscheiden – auch die Kastrationsfrage.

01 – 02 Der Sexualtrieb ist ein nicht zu unterschätzender Trieb, der innerhalb der Gruppe für Rivalitäten und Spannungen sorgt.

01 Zwei intakte Rüden

02 Älterer Rüde und junge Hündin

PROBLEME DER MEHR-HUNDEHALTUNG

VORTEILE WERDEN ZU NACHTEILEN

Die Vorteile der Gruppenhaltung können sich genauso als Nachteile entpuppen. Es will sich beispielsweise einfach kein Zugehörigkeitsgefühl einstellen, die Beziehung der Hunde geht auch nach vier Wochen nicht über ein gegenseitiges Tolerieren hinaus, oder der Neue übernimmt nicht den Verhaltenskodex der „braven" Ersthunde, sondern die ganze Gruppe wird krawallig. Schlechte Eigenschaften werden abgeschaut und potenzieren sich. Entscheidend bei allen auftauchenden Problemen ist: Nerven behalten, Zeit investieren, sich selbst reflektieren und Lösungen suchen – wie bereits erwähnt, sollte der Leitmensch davon einiges in petto haben. Lösungen in der Mehrhundehaltung finden sich nur innerhalb und mit der Gruppe und nicht im Einzeltraining. In manchen Fällen sollte die Gruppe umbesetzt werden – so hart das klingt, aber manchmal kann es zum Vorteil für alle Beteiligten sein.

Vorteile, mögliche Nachteile und wie Sie damit umgehen können

Vorteil – Der Fokus liegt nicht nur auf einem Hund. Der Hund kann mehr Hund sein.
Nachteil – Es kommt zu Erziehungsdefiziten.
Tipp – Um Hunde zu erziehen, muss der Fokus nicht auf einem Hund liegen – in der Erziehung von mehreren Hunden liegt der Fokus auf konsequentem Handeln und Führen. Sollen beispielsweise alle Hunde warten, dann gilt das auch für den kleinen süßen Yorkie Terrier, oder soll keiner der Hunde Passanten anspringen, dann ist damit auch der niedliche Welpe gemeint – natürlich kann er das auch schon so früh lernen, das muss er sogar!

Vorteil – Die Gruppe schafft eine Identifikationsgrundlage.
Nachteil – Es entwickelt sich eine unerwünschte Vorbildfunktion.
Tipp – Der Leitmensch sollte seine Hunde beobachten und schauen, wer der Initiator für das jeweilige unerwünschte Verhalten ist. Weiß man,

Seniorin Sina genießt ein hohes Ansehen in der Gruppe, denn sie nimmt ihre häuslichen Pflichten sehr ernst.

welcher der Hunde Unruhe stiftet, kann sein Verhalten vorausschauend korrigiert werden, damit die Gruppe sieht, dass der Leitmensch die Situation lenkt. Der „Störer" sollte weniger Möglichkeiten für eigene Entscheidungen bekommen, das heißt, weniger Raum zur Verfügung gestellt bekommen (siehe in Räumen denken, Seite 157).

Vorteil – Schulung der sozialen Kompetenz
Nachteil – Die soziale Kompetenz nimmt ab. Es entwickelt sich Unsicherheit oder unangemessene Aggressivität im Umgang mit Artgenossen.
Tipp – Hunde brauchen für innerartliche Auseinandersetzungen unsere Hilfe. Sie regeln ganz viel allein, aber tauchen Probleme innerhalb der Gruppe auf, ist der Gruppenleiter gefragt. Der Leitmensch sollte sich aktiver ins hündische Geschehen einbringen und sich ins Miteinander als „Streitschlichter" und „Vertrauenslehrer" einmischen. Der Unsichere muss dabei geschützt werden (ohne, dass er überbehütet wird), der „Aggressor" wiederum bekommt weniger Raum zur Verfügung (siehe in Räumen denken, Seite 157) und genauere Verhaltensvorgaben. Ist die Stimmung zwischen einigen der Hunde sehr angespannt, kann ein Maulkorb (siehe Maulkorb, Seite 72) für Entspannung bei allen Beteiligten sorgen – so lange bis erneut etabliert wird, dass keiner in der Gruppe verletzt wird (siehe Goldene Regeln, Seite 123).

Vorteil – Soziale Vorteile für Senior und Junghund
Nachteil – Soziale Nachteile für Senior oder Junghund
Tipp – Hunde sind soziale Wesen, aber leben sie in verwilderten Gruppen in freier Wildbahn, werden schwache Hunde ausgestoßen und selektiert. Hunde im Mehrhundehaushalt müssen lernen, die schwächsten der Gruppe zu akzeptieren und vor allem zu respektieren. Alt und jung dürfen deswegen nicht ohne Aufsicht gelassen werden. Der Senior sollte nicht separiert werden, im Gegenteil die Hunde sollen ja ein Zugehörigkeitsgefühl entwickeln, aber der Junghund darf den Alten natürlich nicht bedrängen und nerven. Es ist Aufgabe des Leitmenschen, die unterschiedlichen Hunde im Miteinander anzuleiten. Kann der Senior aus Altersgründen nicht mehr an den Walks teilnehmen, sollten andere gruppenbindende Maßnahmen, zum Beispiel gemeinsame Spiele im Garten, dieses Defizit ausgleichen. Wichtig ist, dass auch der Senior noch seine Aufgabe innerhalb der Gruppe hat. So darf mein Gast, Seniorin Sina, mit mir zusammen die Tür öffnen und die Besucher begrüßen.

Junghündin Taca probiert sich aus.

Ein Einschreiten vom Gruppenleiter ist nötig, denn Taca hat sich überschätzt.

DER SPRUNG VON ZWEI AUF DREI HUNDE

— Ein Interview mit Hundefotografin Anna Auerbach

Gut aufgestelltes DogTeam: Anna und ihre Hunde

Zwei Hunde zu halten, gilt mittlerweile als normal, aber der Sprung von zwei auf drei Hunde scheint magisch zu sein.

„Sind das etwa alles Ihre Hunde?" das hört die Fotografin Anna Auerbach häufig.
Mit ihrem Freund und den drei Golden-Retriever-Mädchen Josie (7), Julie (5) und Tame (3) lebt sie in der Eifel.

Tame und Julie klären spielerisch ihren Status.

Josie liebt die Dummyarbeit.

Brav für Fotos zu posieren gehört zu ihrem Alltag dazu.

Wieso Golden Retriever und warum nur Mädchen?

Ich bin mit einem Golden Retriever aufgewachsen, deshalb kam für mich erstmal gar keine andere Rasse infrage. Als ich mich vorm Kauf informierte, fiel mir schnell die Arbeitslinie des Golden Retrievers auf und meine Wahl fiel auf Josie, es folgten Julie und Tame. Ich bin eher der Hündinnen-Typ und alle drei Mädels sind unkastriert, da wäre es mir während der Läufigkeiten zu anstrengend, einen Rüden in der Gruppe zu halten.

Bitte beschreibe Deine Hunde?

Josie – ist von klein auf immer an meiner Seite. Sie begleitete mich in die Uni, auf Feiern mit Freunden und zu vielen Fotoaufträgen. Josie ist mit allen Hunden verträglich, im Zweifel würde sie sich immer selbst zurücknehmen. Ausgeglichen und souverän begleitet sie mich auch auf unseren Walks zuverlässig. Mit Josie entdeckte ich die Faszination an der Dummyarbeit. Sensibel und leichtführig, vereint mit einem unglaublichen Trieb und Findewillen, machte sie mir den Einstieg in den Hundesport sehr einfach. Nachdem sie dreimal einen Workingtest der schwersten Klasse gewinnen konnte, darf sie sich nun „DRC Arbeitschampion" nennen. Auch die Obedience Klasse II konnte sie mit einem V abschließen. Obwohl sie in der Dummyarbeit auflebt, wartet sie geduldig, bis sie an der Reihe ist, da habe ich von Anfang an Wert drauf gelegt.

Julie – Julies Einzug haben wir lange geplant, es sollte ein Hund werden, der sich auf meinen Freund bezieht und Josie ergänzt. Die Wahl ist uns gelungen, denn Julie ist ein ganz anderer Typ als Josie. Sie läuft mit meinem Freund zusammen

Kuscheln mit Tame: Die Bedürfnisse des Einzelnen dürfen nicht zu kurz kommen.

Einzelunternehmungen stärken das Selbstvertrauen.

auf Wettbewerben der höchsten Klassen, genießt es aber genauso, herumzutollen und Spaß zu haben. Sie ist das Bindeglied meiner Gruppe, beschäftigt sich vom Spielen über Putzen geduldig mit Josie und Tame und wacht über sie.
Dazu eine Geschichte aus der Dummyarbeit: Mein Freund und ich trainierten zusammen in einer Gruppe. Josie kam mit dem Dummy zurück, als ihr plötzlich eine fremde Hündin unter Geknurre die Beute streitig machen wollte. Julie (zu dem Zeitpunkt circa 1 Jahr alt) ging dazwischen, stellte sich schützend vor Josie und verscheuchte die fremde, viel ältere Hündin.

Tame war bei ihrer Übernahme 1 ½ Jahre alt und beim Züchter gut sozialisiert aufgewachsen, aber leider wurde ein Ellenbogendefekt festgestellt. Damit der Defekt nicht weitervererbt wurde, schloss der Züchter Tame verantwortungsvoll aus der Zucht aus. Eigentlich suchte ich als Nachwuchs für Josie einen Welpen, aber Tame sprang sofort in mein Herz, sie ist mein kleiner Schatten. Alle drei sind wirklich verschmust, doch Tame ist extrem. Charismatisch wie sie ist, wird sie von jedem gleich gekuschelt und geknuddelt.

Tame kommt aus 2. Hand, war das schwieriger?

Tame ist sehr bemüht, uns zu gefallen, sie ist wesensfest und lässt sich gut führen. Im Alltag haben wir folglich keine Probleme. Im Hundesport hätte ich gern manches als Welpe anders aufgebaut, hier merke ich, dass die fehlende Zeit manchmal schwierig aufzuholen ist. Aber entscheidend war, dass wir als Team zusammenwachsen und das ist uns gelungen.

Was genau ist die Dummyarbeit überhaupt?

Die Dummyarbeit ist eine nachgespielte Jagd auf Dummys (kleine, grüne 500 g schwere Säckchen) und findet draußen in der Natur statt. Dabei werden den Hunden Aufgaben mit unterschiedlichen Anforderungen gestellt. Sie sollen sich geworfene Dummys merken, anschließend apportieren; sie sollen aber auch auf Distanz lenkbar sein und sich auf unbekannte Dummys einweisen lassen. Dann gibt es noch die selbstständige Suche nach Dummys in Wald, Wiese oder Wasser.

Jeder kennt den anderen, so bleiben auch energetische Spiele harmonisch.

Wie trainierst Du mit drei Hunden?

Auf meinen Walks habe ich manchmal Dummys dabei und mache mit den Dreien kleine Übungen, zum Beispiel eine Suche, bei der alle drei gleichzeitig arbeiten. Das ist mir wichtig, damit wir als Team weiter zusammenwachsen. Wenn wir gezielt trainieren, habe ich meistens nur einen Hund „am Bein" neben mir. Ab und an trainiere ich auch mit Josie und Tame zusammen: während eine geschickt wird, muss die andere geduldig warten.

Wie verlief die Integration?

Einzug Julie – Josie war der ideale Basishund, sie und Julie verstanden sich sofort. Die kleine Julie war allerdings ein frecher und fordernder Welpe. Sie lernte, in der Box Ruhe zu finden, so konnten wir auch die geduldige Josie schützen. Julie brauchte noch Erziehung und verlangte nach Reglementierung. Aber schimpfte man mit ihr, stand Josie zitternd in der Ecke. Das war anfangs gar nicht so einfach, doch Josie begriff dann schnell, dass es nicht um sie ging. Heute fühlt sie sich manches Mal gar nicht mehr angesprochen, auch dann nicht, wenn tatsächlich sie gemeint ist.

Einzug Tame Die Mädels haben Tame auf einem gemeinsamen Spaziergang kennengelernt und alle waren sich gleich sympathisch. Auf der Fahrt ruhten die Hunde bereits zusammen in der Autobox und als wir ankamen, fühlte Tame sich direkt zu Hause. Einen dummen Fehler machte ich zu Anfang, ich streute Futter und nach kurzer Zeit gemeinsamer Suche gab es Ärger zwischen Julie und Tame. Vielleicht sollte es aber auch so sein, denn seither gab es nie wieder ernsthaft Stress. Josie spielt bis heute nicht mit Tame, es ist wohl unter ihrer Würde. Sie lässt sich aber von ihr pflegen und Julie ist für beide der Bezugspunkt. In meinem kleinen Team hat jeder seine Aufgabe und Position gefunden.

Unternehmen Deine Hunde auch mal was allein mit Dir?

Tame habe ich anfangs öfter allein mitgenommen, zum Beispiel beim Besuch von Baumarkt oder Restaurant. Sie sollte auch mal etwas ohne „ihre" Julie unternehmen, ich habe so ihr Selbstvertrauen gestärkt. Josie nehme ich gern zu Fotoshootings mit, sie war die Erste im Team, teilt immer gern – aber sie genießt diese kleinen Auszeiten mit mir allein sehr.

DER LEITMENSCH

— Der Mensch übernimmt die Gruppenleitung und ist damit als Leitmensch Orientierungspunkt für den Einzelnen und die Gruppe.

DER MENSCH
— *ist Orientierungspunkt*

ZUM LEITMENSCHEN WERDEN

Ein Hund schön und gut, aber was bedeutet es, zwei, drei oder mehr Hunde zu führen? Hunde brauchen jemanden, der sie leitet und lenkt. Ich nutze dafür den Begriff des Leitmenschen oder auch Gruppenleiters und in der Mehrhundehaltung obliegt diese Aufgabe dem Hundehalter.

Bitte an dieser Stelle nicht gleich verzweifeln: Es ist noch kein Leitmensch vom Himmel gefallen, und auch ich musste im Lauf der Jahre unzählige Lernerfahrungen machen. Mit kleinen Schritten beginnen, sich stetig steigern und nie auslernen. Das macht es so spannend.

ALLTAGSTAUGLICH FÜR MEHRERE HUNDE

Sind die Voraussetzungen für eine Mehrhundehaltung geschaffen und das Wissen theoretisch da, wird durchdacht und geprüft, was sich vom Erlernten umsetzen lässt. Wo reichen die Informationen noch nicht aus, an welchem Verhalten des Ersthundes könnte noch gefeilt werden und welche Trainingsmethoden lassen sich auch im Alltag mit mehreren Hunden anwenden? Nonverbale Kommunikation beispielsweise hört sich verlockend an. Aber stumm und nur mittels Gesten kommunizierend in der Natur mit dem Hund unterwegs zu sein, eignet sich das auch, wenn man mit mehr als einem Vierbeiner unterwegs ist? Hält man mehr als einen Hund, wird der Alltag nicht einfacher. Jetzt macht es Sinn, sich auf die eigene natürliche Autorität zu besinnen, auf seine ganz eigenen Leitmensch-Fähigkeiten und diese zu hinterfragen und auszubauen. Je mehr eigene Persönlichkeit in den Austausch mit den Hunden gelegt wird, desto verständlicher kann man sich seinem DogTeam gegenüber ausdrücken. Für Hunde ist nicht eine Methode, wie zum Beispiel nonverbale Kommunikation, oder die Arbeit mit Futterbeutel, Leckerli & Co entscheidend. Vielmehr erwartet eine Hundegruppe eine verlässliche, souveräne Führung durch den Leitmenschen, der alles regelt, was für die Gemeinschaft von Interesse und Wichtigkeit ist.

FOKUS AUF DER GEMEINSAMKEIT

Die Aufgabe des Gruppenleiters ist es, eine Gemeinschaft mit einem sozialen Gefüge herzustellen, in dem der Einzelne seine Position und Aufgabe findet. Der Hundehalter formt seine Gruppe, er sucht die Mitglieder aus und stellt sein DogTeam zusammen. Er sollte beim Aufstocken seiner Hundegruppe ein Ziel vor Augen haben, ähnlich einem Manager, der sich sein Mitarbeiterteam aufbaut. Was soll für ein Team geformt werden, wie sind die eigenen Interessen gelagert: Familienhunde oder Arbeitshunde, sportlich, temperamentvoll oder eher ruhig?

Schlägt das Herz zum Beispiel für Handicap-Hunde, holt man besser keinen temperamentvollen, vor Kraft strotzenden Junghund dazu. Wandert man täglich große Touren, macht die Französische Bulldogge als Ergänzung zu zwei Weimaranern wenig Sinn. Es ist kein Muss, in der Mehrhundehaltung eine Gruppe zu bilden, es können auch alle Hunde separiert voneinander im Haus leben und getrennt ausgeführt werden. Möchte man aber mit den Hunden eine Gemeinschaft eingehen, sollten soziale Beziehungen etabliert und stabilisiert werden. Für eine behutsame Integration des neuen Gruppenmitgliedes ist mentale Stärke und unter Umständen auch sensible Überzeugungskraft des Gruppenleiters gefordert, denn nicht alle Ersthunde lassen sich von einem weiteren felligen Familienmitglied begeistern. Bei allen Handlungen sollte ein aktives Interesse am sozialen Miteinander vorherrschen. Der Schwerpunkt im Alltag mit mehreren Hunden liegt auf der Gemeinsamkeit, nicht nur der Hunde untereinander, sondern auch mit dem Menschen. Selbstverständlich muss der Einzelne mit allen seinen individuellen Fähigkeiten und Eigenschaften gesehen werden und natürlich können auch Einzelaktionen innerhalb der Gruppe unternommen werden, sobald aber Probleme auftauchen, löst man diese mit und in der Gruppe. Ein Einzeltraining kann zur Ausgrenzung und Isolation führen – das gemeinsame Erarbeiten und Erleben jedoch ist das, was die Gemeinschaft ausmacht.

☞ PRAXIS ALLTAG

PROBLEMBEWÄLTIGUNG MIT UND IN DER GRUPPE

Bei Problemen, die durch einzelne Gruppenmitglieder verursacht werden, schadet Einzeltraining natürlich nicht, aber es löst auch nicht die Problematik des Einzelnen in der Gruppe, denn wenn der Hund allein unterwegs ist, verhält er sich anders als in der Gruppe. Um die Gemeinschaft aufrechtzuerhalten, muss die Lösung des Problems folglich mit und in der Gruppe gefunden werden. Der Hundehalter sollte sich vor Anschaffung weiterer Hunde fragen, wie viele Probleme er, mit wie

Hunde beobachten gern. Diese beiden teilen sich diese Aufgabe.

Aufgabenteilung: Der eine trägt den Korb, der andere die Brötchentüte.

vielen Hunden lösen kann. Hat man beispielsweise gleich mehrere „Störer" in der Gruppe, sollte der Hund korrigiert werden, der die anderen „anstiftet", sind es sogar zwei, werden sie korrigiert und begrenzt. Wenn sie sich dann dem Leitmenschen anschließen, tun die anderen es ihnen nach. Werden Hunde klar geführt, folgen sie gern.

Beispiel Lanka läuft allein recht gut an der Leine. Kaum ist sie mit „Schwester" Boxy unterwegs, geht sie bei Hundebegegnungen lautstark in die Leine. Ein Einzeltraining hilft nicht weiter, denn allein läuft sie „brav". Ziel ist es aber, dass der tägliche Leinengang auch mit zwei Hunden klappt. Weiter hilft jetzt, sich und seine Hunde zu reflektieren, dabei jeweils die Gruppe als Gesamtheit und die Position des Einzelnen kritisch auszuwerten und daraus schlüssige Antworten und Lösungen zu finden.
Fortführend am Beispiel Lanka: Die Thai-Mix-Hündin registriert sehr genau, wann sie sich was erlauben kann. Läuft sie allein mit ihrem Halter, weiß sie, dass der Fokus nur auf ihr liegt. Läuft er mit beiden Hunden, ist seine Aufmerksamkeit geteilt. Lanka erkennt das und schlussfolgert, dass sie mehr Spielraum für ihre Aktionen hat, was sich leider nicht ändern lässt. Denn bin ich mit mehr als einem Hund unterwegs, kann ich mich nicht einem ganz und dem anderen gar nicht widmen. Aus Lankas Sicht handelt sie gruppenkonform, sie möchte ihre Führperson entlasten, Fremde abwehren und die Gruppe schützen. Aus Sicht des Hundehalters jedoch stört sie durch ihr Verhalten den einheitlichen Gruppenaußenauftritt.
Ich möchte keine Rechtfertigungen sondern Verständnis für Lankas Verhalten finden, damit ich nach Ansätzen suchen kann, wie ich sie aus ihrem Verhaltensmuster herausholen kann. Vorausschauend tippe ich ihr bei einem entgegenkommenden Hund mit der Hand (siehe Korrektur, Seite 138) an die Schulter. Ich erhalte Augenkontakt, das hat Lanka bereits toll gelernt, und nicke ihr zu. Das heißt soviel wie: „Ich sichere uns!" Lanka brauchte diese Information, um ihr Verhalten ändern zu können. Versteht man, warum der Hund sich so verhält, wie er es tut, kann er vorausschauend gemahnt werden und eine weitere

Korrektur ist meist nicht mehr erforderlich. Natürlich – „Nobody ist perfect" – weder der Mensch noch seine Hunde, aber stagnieren oder gar resignieren verändert nichts. Besser ist, sich auszuprobieren, anschließend zu reflektieren und genauso dynamisch zu bleiben wie die Gruppe selbst. Nach Problembewältigung oder besonders gelungenen Aktionen darf natürlich auch ein entsprechend positives Resümee gezogen werden.

»Je verlässlicher die Beziehung, desto stärker ist die Bindung.«

Ursula Löckenhoff

BEZIEHUNG UND BINDUNG

Menschen und Hunde eines Haushaltes gehen Beziehungen untereinander ein. Beziehungen, die eine stabile Basis bieten, sind für Hunde dabei wertiger: Je verlässlicher der soziale Partner, desto tiefer fühlen sie sich mit ihm verbunden. Aber was heißt „verlässlich" für Hunde? Konrad Lorenz entwickelte den Begriff der „Bindung", der die Anhänglichkeit beziehungsweise die innere Verbundenheit von Tierjungen gegenüber ihren Eltern erklärt (Cohen, Lexikon der Psychologie, Heyne Verlag, 1996). Beobachten wir also, wie sich Hundeeltern ihrem Nachwuchs gegenüber verhalten: Uschi zum Beispiel, eine junge Hundemutter aus Andalusien (Villamartin, San Anton), gab sich nach der Geburt sehr besorgt und fürsorglich. Sie lag viel bei den Kleinen auf dem Lager, wärmte und säuberte sie. Als der Nach-

Die Hundemutter misst ihre Reglementierung an der Reaktion des Welpen.

wuchs die Augen öffnete, wurde Uschi ungemütlicher beim Stillen. Die Stillzeiten wurden kürzer, nach und nach wurden die Kleinen nur noch im Stehen gesäugt. Verließ einer das Lager, schubste sie ihn recht unsanft zurück auf die Schlafstelle. Ich empfand es als unsanft, als ich die junge Mutter dabei beobachtete, die Kleinen allerdings grunzten wohlig und blieben vor allem auch artig auf dem ihnen zugewiesenen Platz. Für das sich daran anschließende gemeinsame Zusammenliegen und Kuscheln nahm Uschi sich alle Zeit der Welt. Als das Jungvolk dann richtig mobil und aktiv wurde, beteiligte sich auch die Mutter geduldig an ihren wüsten „Spielen", meist ein körperlich betontes Raufen untermalt mit Lauten wie Knurren und Jaulen in allen Tonlagen. Wenn einer der Welpen übertrieb, gab es kurze, burschikose bis derbe Ansagen, aber nachtragend zeigte sich Uschi nie – warum auch, eine Korrektur eines Fehlverhaltens heißt ja nicht, dass die Bindung gekappt ist, „dass man sich nicht mehr lieb hat!". Im Gegenteil, Hunde erwarten Erziehung, denn über Disziplin und Respekt lernen die Junghunde, die Stärke des Überlegenen zu respektieren. Instinktiv wissen sie, dass sie dies können müssen, um zu überleben. Die kleine Uschi war den Welpen eine verlässliche Bindungsbeziehungspartnerin: immer präsent, liebevoll aber nicht erdrückend, temperamentvoll und ausgelassen beim Spiel, aber konsequent und sehr deutlich in der Reglementierung. Wachsen Hunde in einer gut strukturierten Hundegruppe auf und haben sie gelernt, Beziehungen einzugehen, dann stellt sich im erwachsenen Alter eine natürliche Selbstsicherheit und Wesensfestigkeit ein.

Soziales Miteinander basiert auf Erziehung und nicht auf Dressur (Futterbestätigung, Clicker und Co). Für Hunde ist es ein ganz natürliches Verhalten, sich ihrem Menschen und auch ihren Artgenossen anzuschließen. Sie achten dabei auf die von den anderen Hunden und dem Menschen ausgesendeten Signale (Körper, Gestik, Stimme, Geruch – siehe Kommunikation, Seite 125).

Sie verhält sich konsequent, ohne nachtragend zu sein.

DER VERLÄSSLICHE MENSCH

- Liebevolle Erziehung; darf autoritär sein.
- Vermittlung von Disziplin und Respekt; muss liebevoll sein.
- Konsequente Erziehung; ohne nachtragend zu sein.
- Spielerische Erziehung; die Regeln gibt der Leitmensch vor.
- Deutliche Reglementierung; gemessen an der Reaktion des Hundes.

EIN FÜHRENDER VERTRAUENSLEHRER

Für die Position des Leitmenschen wird die Akzeptanz der Gruppenmitglieder, der Hunde, benötigt. Ich habe viel mit Windhunden gearbeitet. Diese haben mich gelehrt, dass ich Akzeptanz nicht bekomme, indem ich Druck ausübe oder den Hund mit Fleischwurst besteche. Damit kommt man bei den Langnasen nicht weit. Sie blockieren bei Druck und in Reiz- beziehungsweise Stresssituationen sind sie einfach nicht hungrig. Auf alle anderen Hunderassen lässt sich übertragen: Um Hunde anzuleiten, braucht es keinen dominanten „Alpha-Mensch" und genauso wenig einen „Wir-haben-uns-alle-lieb-Typ". Es ist viel mehr der zuverlässig führende Vertrauenslehrer, Streitschlichter und die liebevolle und konsequente Bezugsperson in uns Hundehaltern gefordert. Dazu gehört „Nein" sagen und einen Konflikt austragen können genauso, wie den Hunden auf Augenhöhe zu begegnen, um sie verstehen zu wollen. Folgt zum Beispiel auf ein Fehlverhalten eine situativ angemessene Korrektur, verstehen das unsere Hunde sehr gut, aber damit sollte die Sache dann auch geklärt sein. Ein fortführendes Ignorieren ist für Hunde nicht verständlich. Das mag für uns Menschen die „feinere" Art der Reglementierung sein. Es kommt jedoch einem Gruppenausschluss gleich, das heißt, dem Hund wird Sicherheit und Geborgenheit entzogen. Gerade bei den selbstständig agierenden Hunderassen kann das zu folgenschweren Missverständnissen führen. Hunde denken geradeheraus und für sie ist ein Knuff oder eine laute verbale Beschwerde gut nachvollziehbar. Sie suchen instinktiv nach Führung, von ihr erwarten sie Schutz und Sicherheit. Korrigiert der Leitmensch folglich falsches Verhalten, fühlen sich die Hunde trotz oder gerade wegen der Korrektur geborgen. Nach dem Konflikt sollte unbedingt versöhnlich agiert und zügig Gelassenheit gefunden werden. Die Hunde erleben so einen verlässlichen Leitmenschen. Reflektiert und bestätigt wird er durch ein positives (oder auch negatives) Feedback vom Einzelnen und der Gruppe in ihrer Gesamtheit.

01

02

☞ PRAXIS ALLTAG

MEIDEVERHALTEN

Zeigen Hunde Meideverhalten, ist das ihre Art, Konflikten aus dem Weg zu gehen. Sie haben gelernt, dass es für sie günstiger ist, auf Abstand zu bleiben und einen eigenen Sicherungsraum zu suchen, statt sich dem Konflikt zu stellen. Für die Gruppe ist so ein Verhalten untragbar, denn wer sich isoliert, bringt sich in Gefahr und schwächt die Gruppe. Mein Tagesgast Ridgeback Samu zeigte anfangs solche Verhaltensweisen. Ein Ridgeback ist von Hause aus eher skeptisch (genetisch bedingt), sein Motto könnte lauten: „Drum prüfe, wer sich ewig bindet…" Nach einer längeren Eingewöhnungszeit hatte er sich mir und der Gruppe angeschlossen, fühlte sich mit uns verbunden, akzeptierte unsere Regeln, verstand jeden Wink und konnte folglich abgeleint werden. Ist man aber mit mehreren Hunden unterwegs, ist immer einer dabei, der aufgrund nicht gruppenkonformen Verhaltens korrigiert werden muss. Zusätzlich kann in manchen Situationen nicht gezögert werden und es muss zackig gehen, wenn wir zum Beispiel Bikern ausweichen. In beiden Fällen werde ich entsprechend energetischer und lauter. Aber nicht mit Samu! Die Verbundenheit war dahin, er ging sofort auf Abstand, auch ein Anleinen war in solch einer Situation nicht mehr möglich. Samu musste also lernen, dass Korrektursituationen sowie ein zügiges Herankommen, und zwar ganz dicht, notwendig sind und Schutz bieten. Ich habe Samu dies über die Leine vermitteln können (siehe Leine, Seite 79). So hat er mich anfangs angeleint auf unseren Walks begleitet, wir haben Hand in Hand „Störer" zusammen korrigiert und uns in Gefahrensituationen, Seite an Seite mit den anderen Hunden, geschlossen formiert (siehe Gnu-Prinzip, Seite 176).

Es ist entscheidend zu wissen, dass die Leine ein wichtiges Hilfsmittel in der Kommunikation mit Hunden ist. Meidet der Hund die Anleinsituation, dann meidet er nicht die Leine, sondern zeigt Fehler in der Kommunikation und Schwächen in der Führung durch den Leitmenschen an.

01 *Samu meidet in Stresssituationen die Gruppe.*

02 – 03 *Über die Leine hat er gelernt, mir zu folgen und den Schutz der Gruppe auch in Konfliktsituationen anzunehmen. Heute brauchen wir dafür keine Leine mehr.*

03

Begrüßung im respektvollen Miteinander

> *»Aus einem Dreieck lässt sich kein Viereck und aus einem Jagdhund kein Hütehund modellieren!«*
>
> *Ursula Löckenhoff*

☞ PRAXIS ALLTAG

DIE BEGRÜSSUNG

Die Begrüßung ist eine gute Gelegenheit, um Hunde jeweils in ihrer Persönlichkeit wahr- und ernstzunehmen. Das ist gerade bei der Haltung mehrerer Hunde von großer Bedeutung. Bei der Begrüßung bekundet der Hundehalter Interesse beziehungsweise Freude. Dabei sollte er sich auf den individuellen Charakter eines jeden seiner Hunde einstellen. Dem Hund, der Kontakt sucht, wird dieser in Maßen zugestanden (Übertreibungen sollten nicht geduldet werden). Der Hund, der zur Begrüßung nur kurz den Kopf hebt, bekommt nur ein „Hallo" und einen kurzen Wink als Antwort zurück. Nicht jeder möchte mit Küsschen rechts und links begrüßt werden, das verhält sich bei Hunden genauso wie bei uns Menschen.

SYMBIOSE MENSCH UND HUNDE
Sozialer Austausch: gemeinsame Gestaltung des Alltags, sowohl in Ruhe- wie Aktivphasen.
Akzeptanz: gegenseitiges Respektieren und Wertschätzen der Eigenarten.
Verbundenheit: gemeinsames Interesse in der Gemeinschaft zu leben.

DER SOZIALE AUSTAUSCH

Der Leitmensch steuert den sozialen Austausch innerhalb der Gruppe (siehe Kommunikation, Seite 125). Er sollte seine Hunde wahrnehmen und schauen, wie sie sich untereinander und ihm gegenüber mitteilen. Sich gegenseitig zuhören, Gemeinsames erarbeiten und erleben, Konflikte austragen und anschließend eine Einigung finden, all das führt zu gegenseitiger Akzeptanz. Dabei sollte der Hundehalter akzeptieren, dass sich aus einem Dreieck kein Viereck formen lässt, genauso wenig, wie aus einem Mops kein Mantrailer-Champion und aus einem Terrier kein langatmiger Geduldshund wird. Akzeptanz bedeutet, wahrgenommen und als Individuum mit eigenen Belangen verstanden zu werden.

Beispiel Schäferhund Wolfi und Whippet Elsa. Beide haben ein unterschiedliches Bedürfnis nach Nähe. In den Ruhephasen schläft Elsa lieber für sich, Wolfi wiederum hält sich dabei gern in meiner Nähe auf. Warum sollte Elsa mich im Haus begleiten, wenn doch Wolfi zu meinen Füßen liegt? Mit Elsa kann man stundenlang knuddeln und schmusen, Wolfi wiederum begrenzt die Kuschelzeit auf ein Minimum. Warum sollte ich ihn zum Kuscheln drängen, wenn doch Elsa das Knuddeln so mag? Zur Schlafenszeit wird sich wieder neu sortiert: Elsa liebt es, im Bett zu schlafen, das allerdings ist für Wolfi tabu – hier möchte ich keinen 35-Kilogramm-Hund neben mir liegen haben. Fördere ich die Persönlichkeit des Hundes, darf dabei der Gruppengedanken nicht verloren gehen. Über den sozialen Austausch werden die unterschiedlichen Charaktere zusammengebracht und über gruppenbindenden Maßnahmen Gemeinsamkeiten gefunden.

GRUPPENBINDENDE MASSNAHMEN

— **Fütterung** – gemeinsam zu speisen (siehe Seite 62).
— **Ruhen** – gemeinsam Ruhezeiten einhalten (siehe Seite 120).
— **Aktionen** – gemeinsam Abenteuer erleben (siehe Seite 166).
— **Spiel** – gemeinsame Interessen- und Grenzfindung (siehe Seite 157).
— **Pflege (und medizinische Versorgung)** – gemeinsam Fürsorge erfahren, schafft ein Bewusstsein für das andere Gruppenmitglied.

Elsa genießt die Nähe ihres Menschen.

Aber in den über den Tag verteilten Ruhephasen bleibt sie lieber für sich.

ETABLIEREN DER REGELN

Über den sozialen Austausch werden vom Leitmenschen die gruppenspezifischen Regeln etabliert (siehe Regelwerk, Seite 107). Regeln aufzustellen, heißt nicht, dass grundsätzlich alles verboten ist. Im Gegenteil, die Hunde sollen sich in einem gesunden Maß mit einbringen, der Einzelne soll Möglichkeiten zur Mitgestaltung bekommen. Die eingebrachten Vorschläge müssen natürlich gruppenorientiert sein.

Beispiele Es ist meine Aufgabe, den Leinenraum zu schützen (siehe Leine, Seite 79). Es ist Wolfis Vorschlag, warnend zu „wuffen" (siehe Kommunikation, Seite 125), sobald sich jemand (Hund oder Mensch) distanzlos und respektlos nähert. Wolfi handelt gruppenorientiert, ich habe den Vorschlag gern angenommen, denn er nimmt mir Arbeit ab und schützt die mitgeführten Hunde. Aber Obacht, würde Wolfi in unhöfliches und provokatives Verhalten fallen, in die Leine gehen und bellen, hätte ich diesen Vorschlag abgelehnt (Beschwerde und Korrektur), denn das würde uns gefährden.

Ein anderes Beispiel Die kleine Bulldogge Lola zwickt die anderen Hunde in die Hinterbeine, vorzugsweise im hochenergetischen, schnellen Lauf. Es ist ihre Art, die größeren und schnelleren Tiere zu begrenzen. Setzen sich alle in Bewegung, mahne ich Lola, dies nicht zu tun, kommt mehr Energie in den Lauf, mahne ich ein weiteres Mal entsprechend lauter. Lola weiß so, was ich von ihr erwarte. Es verhält sich nicht anders als bei Kindern. Während des Spiels in der Sandkiste zum Beispiel, schlägt ein Kind aus lauter Übermut die anderen mit der Schippe. Bei Spielbeginn mahne ich dieses Kind, die Spielregeln einzuhalten (keiner wird verletzt). Wird es im Spielverlauf immer eifriger, mahne ich noch einmal nach. Ich begleite das Kind also verbal, denn so weiß es, dass es in seinem Tun gesehen wird, traue ihm aber gleichzeitig zu, sich selbst zu regulieren.

Amber nähert sich höflich.

Elsa signalisiert, dass sie bereit ist, ihre Beute zu teilen.

VERWALTUNG DER RESSOURCEN

Die Verwaltung der Ressourcen obliegt dem Leitmenschen. Ressourcen sind existenziell wichtige Dinge wie Futter, Wasser, Schlafplätze und der Mensch selber. Dazu zählen aber auch ganz profane Dinge: Ein Stock unter vielen, ein bestimmtes Spielzeug von zehn anderen, ein Budelloch und Ähnliches mehr. Über die Verteidigung von Ressourcen sichern Hunde ihren Status und über deren Eroberung verschaffen sie sich die Möglich-

Auch der Mensch ist eine wichtige Ressource.

keit zum sozialen Aufstieg. Ein ranghoher Hund sichert und verteidigt nun aber nicht non stop seine Beute. Darstellung und Sicherung des eigenen Sozialstatus verlaufen stattdessen über die Verwaltung beziehungsweise Zuteilung der Ressourcen. Der Leitmensch steht im Status vor den Hunden. Er teilt also ein, wann sie ans Futter dürfen und in welcher Reihenfolge; wann gespielt wird und wann der Abbruch erfolgt. Dabei überwacht er zusätzlich den Verlauf des Spiels, soll es wilder oder ruhiger ablaufen? Verständliche Zuweisungen, ein klar kommuniziertes „Ja" oder „Nein", stärken den Halter in seiner Position.

DER MENSCH ALS RESSOURCE

Eingangs sprach ich davon, dass der Mensch der wichtigste Sozialpartner für Hunde ist, damit wird er selbst auch zu einer wichtigen Ressource. Bei der Haltung mehrerer Hunde können dadurch Eifersuchtsprobleme entstehen, vor allem wenn Beziehungsstrukturen zwischen dem Menschen und seinen Hunden unklar sind. Es ist wichtig, eine klare Linie beizubehalten, was ist für wen erlaubt und was für wen nicht. Kennt man seine Hunde, weiß man in welchen Situationen Konflikte um die jeweiligen Ressourcen entstehen könnten. Die Situation kann entweder vorausschauend verhindert werden, Spielzeug wegräumen zum Beispiel, oder man sucht den Konflikt und klärt darüber Statusfragen (siehe unten „Fette Beute“).

Beispiel Paula hat meinen Wolfi mit großgezogen. Sie nimmt innerhalb meiner Gruppe eine hohe Position ein. Sie sammelt im Garten Spielzeug ein und produziert sich darüber, indem sie den anderen die Beute mit nach hinten geworfenem Kopf präsentiert. Kommt jemand zu nah, wird er äußerst uncharmant weggeknurrt. Je älter Wolfi wurde, desto mehr hat er gewagt, Stück für Stück näher in Paulas Distanzbereich bis hin zur Beute vorzudringen. Ich beobachte heute, dass Wolfi, er ist jetzt drei Jahre alt, in regelmäßigen Abständen Paula die Beute entwendet, darüber kurz an seinen mittlerweile ranghöheren Status erinnert, ihr ansonsten aber den Spaß am Gewinnen lässt. Auch der Leitmensch verliert nicht seinen Status, wenn er das Zergelspiel verliert – die Hunde aber müssen wissen, dass ihm die Beute zusteht, sollte er sie tatsächlich einfordern.

FETTE BEUTE

Spielzeug und Futter sollte den Hunden nur dann zur freien Verfügung stehen, wenn die Erwartungssicherheit besteht, dass darüber kein Streit entbrennt. Gerade wenn neue Mitglieder in die Gruppe eingeführt werden, sollten Futter, Kauknochen und Ähnliches weggeräumt werden. Im sozialen Miteinander kann es bei Hunden mit unklaren Beziehungsstrukturen zu Konflikten kommen. Hier kann man ganz gezielt den Konflikt suchen und „Beute“ einsetzen. Die Beute sollte dann aber keine große Wertigkeit haben (bitte kein Lieblingskuscheltier und auch keinen Knochen verwenden). Sie wird vom Leitmensch ins Spiel gebracht, dabei schaut man nicht abwartend zu, was passiert, sondern man begleitet die Hunde intensiv im Konflikt, um diesen gegebenenfalls abzubrechen. Kann man das nicht, provoziert man solche Konfliktsituationen besser nicht – aber Achtung, es lassen sich nicht immer alle Konflikte aus dem Weg räumen. Der Hundehalter sollte sich in der Ressourcensicherung schulen, das übt zusätzlich sein Standing in Konfliktsituationen (siehe Übungen für den Leitmenschen, Seite 70).

Amber verstößt gegen die Hausregeln.

☞ PRAXIS ALLTAG

FÜTTERUNG VON MEHR ALS EINEM HUND

Die Fütterungszeiten mit mehr als einem Hund sollten fest im Alltag verankert sein: Frühstück und Abendessen (gegebenenfalls auch eine Mittagsmahlzeit), an dem alle Gruppenmitglieder gleichzeitig teilnehmen.
Geht das nicht drunter und drüber? Nein, denn ich achte darauf, dass die gemeinsame Mahlzeit so gesittet abläuft, als wären die Hunde zu Besuch in einem 3-Sterne-Restaurant. Bei der Zubereitung der „Speisen“ habe ich mir viel Mühe gegeben. Von Frischfleisch über Trockenfutter, inklusive Nahrungsergänzungsmittel und eventuell Medikamente, jeder bekommt sein eigenes, ganz spezielles Futter. Bei der Fütterung bekommen die Hunde eine „Tischordnung“, also feste Plätze, zugewiesen (siehe Räume, Seite 157). Die Mahlzeiten sollten gleichmäßig und ruhig ablaufen, deshalb werden Schnellesser, die „Schlinger“, über eine kleine Hausleine fixiert, damit sie nicht aus den Näpfen der „Genießer“ naschen. Futterneider

Der Leitmensch verwaltet die Ressourcen, so auch das Futter.

werden zwar im gleichen Raum, aber etwas abseits angeleint. So kann ich sicher sein, dass ich nicht laut werden muss, um für Ordnung zu sorgen. Anschließend verteile ich nach und nach die Schalen. Manche Hunde dürfen gleich ans Futter, andere sollen mich erst fragen, bevor sie an den Napf dürfen. Das kommt ganz auf den Hund an und ist immer individuell zu betrachten. Ist serviert, hört man, wie die Hunde über das gemeinsamen Kauen, malmend und schmatzend, zur Einheit werden. Sind die Näpfe ausgeschleckt, räume ich sie nach und nach weg. Die Gruppe sollte bei der gemeinsamen Fütterung erfahren können, dass der Leitmensch die Ressource Futter verwaltet. Er bestimmt, wann gefressen wird, dabei achtet er darauf, dass jeder Hund sein Futter bekommt und keiner beim Fressen bedrängt wird.

Checkliste

FÜTTERUNGSABFOLGE

- ☐ Alle Näpfe fertig machen. Die Hunde sollen dies nicht kommentieren.
- ☐ Tischordnung (siehe Räume, Seite 157) zuteilen.
- ☐ Schnellesser und Futterneider über Hausleine so sichern, dass sie die anderen nicht stören.
- ☐ Servieren. Die Hunde sollen sich möglichst kommentarlos gedulden.
- ☐ Abräumen (die Tischordnung löst sich respektvoll und ruhig auf).

REIHENFOLGE NACH RANGFOLGE?

Wer zuerst an der Reihe ist, egal in welchem unserer alltäglichen Abläufe, wird durch die Situation und nicht durch den Status des Hundes bestimmt.

Beispiele Ist es draußen kalt, dürfen Macano, mein ranghoher Senior und Küken Elsa, rangniedrig, zuerst ins Haus. Es sind Windhunde und sie kühlen schnell aus. So verhält es sich auch bei der Fütterung. Ich stelle das Futter reih um ab, die langsamen Esser bekommen zuerst, ganz einfach weil sie länger brauchen. Wer am lautesten drängelt und quengelt kommt zum Schluss, denn er sollte lernen, zu warten.

Ritualisiert: Beim Säubern wartet die Gruppe bis jeder dran ist.

Da es aber in der Mehrhundehaltung nicht nur schwarz und weiß gibt, mache ich Ausnahmen. Wenn ich erkenne, dass sich das Verhalten während des Wartens auf das Futter nicht verbessert, sondern verschlechtert, bekommt dieser Hund seine Mahlzeit als Erster (nicht hektisch, sondern ruhig gereicht). Seine Sorge wird für ihn zum Problem, in das er sich immer mehr reinsteigert. Durch die Verzögerung, das Warten müssen, fühlt er sich zusätzlich in seiner Sorge bestätigt.

☞ PRAXIS ALLTAG

PFLEGE VON MEHR ALS EINEM HUND

Man sollte sich vor Anschaffung eines weiteren Familienmitgliedes darüber im Klaren sein, dass ein weiterer Langhaarhund das Pflegeprogramm erheblich verlängert, und auch der Kurzhaarhund möchte entsprechend versorgt werden. In meiner Hundegruppe werden alle Hunde gesäubert, bevor es nach dem Walk wieder ins Haus geht. Das tägliche Abduschen, Abtrocknen und Ausbürsten gehört zu unserem Alltag. Macht man daraus eine gemeinsame Aktion, an der sich alle beteiligen, ist auch das eine gruppenbindende Maßnahme. Da das Pflegeprogramm jeden Tag gleich verläuft, hat es sich zum Ritual etabliert. Die einen lieben es, die anderen nehmen es gelassen hin, keiner sollte den Ablauf stören. Kommen neue Hunde in die Gruppe, finden sie schnell heraus, was von ihnen verlangt wird, denn sie können sich an den Basishunden zuverlässig orientieren.
Auch Massagen einzelner Hunde oder medizinische Versorgungen lasse ich in Gesellschaft der anderen Hunde ablaufen, denn solche Zuwendungen sind auch für die nicht Betroffenen interessant. Sie legen sich im Verlauf der Behandlung neben den „Patienten" und zeigen darüber ihre Anteilnahme.

Ist einer der Hunde verletzt und trägt einen Trichter, damit er die Wunde nicht über sein Schlecken infiziert, muss bei soviel Gemeinschaftsgeist darauf geachtet werden, dass dieses nicht von einem der anderen Hunde übernommen wird. Das ist zwar fürsorglich gedacht, würde aber den Heilungsprozess verschleppen.

Eine Massage innerhalb der Gruppe wirkt auf alle gleichermaßen entspannend.

AKZEPTANZ STATT GEHORSAM

„Gehorsam“ ist ein menschliches Wort, kein Hund schickt den anderen bei Wildsichtung ins „Down“, keiner verlangt von dem anderen ein „Sitz“ – innerhalb einer Hundegruppe braucht es diese Art Gehorsam nicht. Hunde suchen im sozialen Miteinander über Regeln Erziehung. Sie wollen erfahren, was möglich ist und was nicht. Der Einzelne erfährt so die Normen und Strukturen der Gruppe und verstößt er dagegen, ist es eine logische Folge, korrigiert zu werden – entweder vom Leitmenschen oder von den Gruppenmitgliedern. Kein Hund denkt nach einer situativ passenden Korrektur: „Ich muss mir sofort eine andere Familie suchen, hier mag mich keiner“. Werden Hunde nicht korrigiert, immer nur bestätigt, sind sie irgendwann nicht mehr kritikfähig und damit nicht mehr lernfähig. Denn woraus lernen wir denn? Konstruktive Kritik bringt nicht nur uns Menschen weiter, sondern stärkt und fördert auch Hunde in ihrer Lernkurve. Verhalten sich Hunde fortwährend „ungehorsam“, ist es erforderlich, sich und seine Hunde zu reflektieren. Die Hunde geben uns viele Hinweise, wir müssen nur hinschauen und sie verstehen lernen. Ich möchte der Vollständigkeit halber anmerken, dass klassischer Gehorsam natürlich noch keinem geschadet hat. Ich empfehle vor allem über Akzeptanz zu arbeiten, also sich gegenseitig verstehen zu wollen, im Zusammenleben mit mehreren Hunden macht das den Alltag leichter. Eine akzeptierte Korrektur ist nachhaltig verlässlicher, als reiner Gehorsam. Und es ist erstrebenswerter ein verlässliches Team an der Seite zu haben, als nur auf Kommandos, stoisch funktionierende Hunde.

Wichtig: Härte führt nicht zur Akzeptanz!
Für Hunde macht es keinen Sinn bei Ungehorsam mal ordentlich „auf links gedreht“ zu werden. Im Gegenteil: Es ist vor allem dann auch kontraproduktiv, wenn es sich um Ungehorsam aus menschlicher Sicht handelt. Der Hund geht nicht ins „Sitz“ zum Beispiel, oder er lässt sich nicht aus dem Spiel abrufen, oder er geht ungefragt an das Futter seines Kumpels. Diese Art der Reglementierung wird vom Hund nicht verstanden, nur geduldet und kann zu Meideverhalten beziehungsweise auch Angst vor dem Menschen führen. Ein souveräner Leitmensch hat so etwas nicht nötig.

Größenwahnsinnige Rosa:

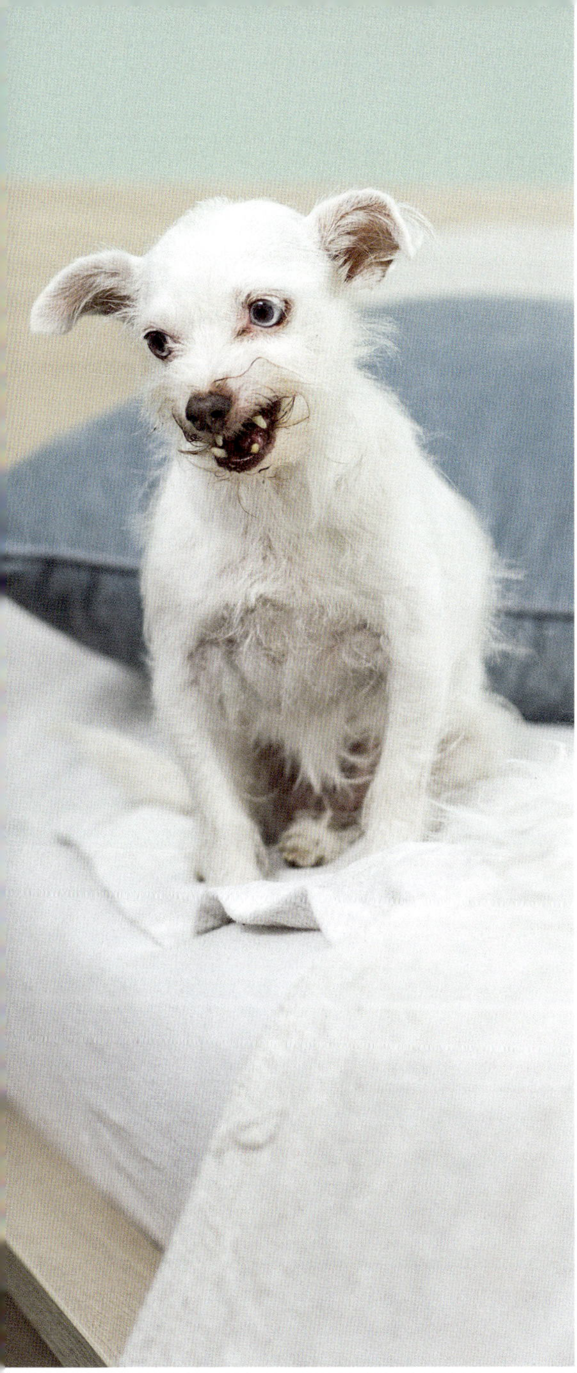

Mit Privilegien muss man umgehen lernen.

GERECHTIGKEIT, GRÖSSENWAHN UND GLEICHGEWICHT

Haben Hunde überhaupt einen Gerechtigkeitssinn? Lässt man Hunde Kunststücke vormachen und bestätigt nur einen immer wieder über Leckerlis, stellt der nicht bestätigte Hund sein Angebot irgendwann resigniert ein. Hunde registrieren also Ungerechtigkeit beziehungsweise wenn ihre Bemühungen nicht gesehen und anerkannt werden. Ich möchte Sie aber beruhigen, um eine harmonische Gemeinschaft zu bilden, muss es in einer Hundegruppe nicht gerecht zugehen. Je mehr Hunde gehalten werden, desto weniger lässt sich *Gerechtigkeit*, beispielweise ein gleiches Zeitmaß an Aufmerksamkeit, aufrechterhalten. Die Aufgabe des Leitmenschen liegt mehr darin, für ein *Gleichgewicht* innerhalb der Gruppe zu sorgen. Dafür müssen die Bedürfnisse des Einzelnen wahrgenommen und in die Waagschale geworfen werden. Wird ein Gruppenmitglied aufgrund von Größe oder Alter privilegiert, darf der Einzelne sich weder über das Privileg profilieren, noch sich darüber isolieren.

Beispiel Rosa ist ein Terrier-Mix, sie wiegt 3 kg und ruht vorzugsweise auf dem Bett meiner Tochter. Boxer-Seniorin Sina nähert sich dem Bett und bekundet Interesse. Sie soll aber bitte nicht auf das Bett hüpfen, das ist Rosa vorbehalten. Sina hat HD und Arthrosen, sie soll schon zur Schonung ihrer alten Knochen nicht über Tische, Bänke und durch die Betten hüpfen. Aus menschlicher Sicht betrachtet, ist das ungerecht. Rosa neigt zudem zu Größenwahn und beginnt aus ihrer privilegierten Situation heraus, Sina anzugreifen. Hier muss ich für eine Wiederherstellung des Gleichgewichtes sorgen, denn bekommt ein Mitglied Privilegien eingeräumt, darf es damit nicht über ein anderes Gruppenmitglied triumphieren. Ich unterbinde folglich mahnend Rosas Attacke und bitte Sina Abstand zu halten. Rosa muss trotz Reglementierung wissen, dass sie ernst genommen wird. Folgt auf meine Beschwerde kein Einsehen seitens Rosa, wird ihr das Privileg entzogen. Hunde verstehen, wenn auf ihr unerwünschtes Verhalten eine entsprechende Konsequenz folgt. Rosa lernt so, ihre Privilegien souverän zu genießen, anstatt Sina triumphierend die Zunge herauszustrecken.

01 Der Leitmensch nimmt moderierend Einfluss auf das Gruppengeschehen.

02 Elsa bietet sich für ein Rennspiel an, dabei baut sie ihre Fähigkeiten aus.

»Führen heißt, fördern und fordern!«

Schlagwort aus dem Management

GRUPPENDYNAMISCHE EINFLUSSNAHME

Als Leitmensch nehme ich über Aufgabenverteilungen, Anweisungen und auch Spielaufforderungen Einfluss auf das Gruppengeschehen. Überlasse ich die Gruppe nach der Intervention nun wieder sich selbst, moderiere die Aktion „nur" noch, anstatt aktiv beteiligt zu sein, gibt das dem Einzelnen die Möglichkeit, eigene Erfahrungen zu machen, seine Fähigkeiten auszubauen und diese gruppenorientiert einzusetzen.

Beispiel Schlägt Elsa vor, dem Frisbee des Fremdhundes nachzurennen, nur weil sie das gerade so witzig findet, ist das nicht gruppenorientiert gedacht und wird von mir schon im Ansatz gestoppt. Schlägt sie aber vor, eine Runde zu rennen, damit die anderen sie fangen, dann heiße ich das gut, auch wenn die Runde vielleicht etwas großzügig gestaltet ist. Dabei darf ich die Gruppe auf keinen Fall sich selbst überlassen, gerade aus energetischen Aktionen heraus, können sich Hunde schnell verselbstständigen. Um bei dem genannten Rennbeispiel mit Elsa zu bleiben: Würde ich mich währenddessen in ein Telefonat vertiefen und damit meine Präsenz aus der Aktion nehmen, könnte das Rennspiel in eine Hatz (triebgesteuerte Jagd), entweder auf Elsa oder aber auch auf aufgescheuchtes Wild, ausufern. Ist die Handlungsabfolge „Jagd" einmal in Gang gesetzt, kann ich nur noch schwer eingreifen und die Gruppe wird unkontrollierbar (siehe Dominoeffekt, Seite 37).

Der Leitmensch muss immer Präsenz zeigen und erst recht in energetischen Aktionen. Er muss wissen, wie weit seine Fähigkeiten reichen und ab wann er keinen oder nur noch schwer Einfluss auf das Geschehen nehmen kann. Alles, was er bei einer gruppendynamischen Einflussnahme an Energie (und Trieb) freisetzt, muss kontrollierbar bleiben. Was lässt man also zu und wann bricht man besser ab? Das herauszufinden erfordert tägliche Übung! Am günstigsten übt es sich in reizarmen Situationen, dabei sollte vor allem am zuverlässigen Abbruch gefeilt werden. Im Ernstfall muss dieser auf den Punkt eingefordert werden können. Läuft etwas nicht wie gedacht, sollte anschließend hinterfragt werden, woran es lag und was anders hätte gemacht werden können. Und wenn an Sonntagen wieder viele Familien, Jogger und Biker unterwegs sind, sind Sie kein schlechter Mehrhundehalter, wenn Sie Ihre Hunde gesichert an der Leine führen. Im Gegenteil, das wären Sie, wenn Sie Ihre Fähigkeiten in dieser Flut von Reizen überschätzen und dadurch die Kontrolle über die Gruppe verlieren und Ihre Hunde die Erholungssuchenden belästigen würden.

03 Die Gruppe holt auf…

04 …und Elsa gerät in Bedrängnis.

05 Der Leitmensch stoppt die Aktion und bietet Schutz.

01

02

03

04

☞ PRAXIS ALLTAG

ÜBUNGEN FÜR DEN LEITMENSCHEN

Das Einfordern von Ressourcen sichert den Führungsanspruch. Hunde beschränken sich nicht selbst. Ihren Freiraum grenzt der Leitmensch vorausschauend ein, und damit wird idealerweise bereits im häuslichen Zusammenleben durch angemessene, konsequent gestellte Besitzansprüche begonnen. Dazu nun Übungen, die sich entsprechend angepasst, auch in der Natur mit den Hunden ausführen lassen.

- **Futterschale abstellen** – Blickkontakt einfordern, ich schiebe dafür meinen Fuß über die Schale und sichere so den noch nicht freigegeben Raum. Steht der Blickkontakt, gebe ich die Ressource frei.
- **Futter auf den Boden legen** – Zurücktreten und den Raum um das Futter halten. Möchte einer der Hunde das Futter aufnehmen, wird er erinnert, das nicht zu tun. Das darf nicht zu energisch erfolgen, denn die Hunde sollten zusammen vor dem Leckerli stehen und nicht durch die Korrektur des Einzelnen auseinanderspringen.
- **Spielzeug aufnehmen, tragen und vor sich ablegen** – Die Hunde dürfen die Ressource nicht beanspruchen, bis sie vom Hundehalter freigegeben wird. Für Fortgeschrittene: in das Zergelspiel der Hunde eingreifen, Beute halten und das Spiel abbrechen. Beute vor sich ablegen und den Raum halten, dann zurücktreten und wieder freigeben.

Wichtig: Beute niemals wegziehen. Beute wird mit strammer Körperspannung gehalten und wenn bewegt, dann offensiv in Richtung „Angreifer". Ein Wegziehen heißt soviel wie „fang mich doch", man motiviert die Hunde nachzugreifen und Achtung: Das bringt die Hand in Gefahr.

- **Tabuzonen einrichten** – Beispiel: Die Hunde dürfen nicht in die Küche oder nicht unter den Tisch. Konsequentes Umsetzen ist dabei

05

ganz wichtig. Hunde verbal bei Eintritt in die Küche stoppen, sich groß machen und auf die Hunde zugehen, sie weichen zurück und stoppen an der Tür. Möchte einer der Hunde die Tabuzone überschreiten, wird er erinnert, das nicht zu tun. Das sollte nicht zu energisch erfolgen, es würde sonst den Einzelnen dazu ermuntern vorzuspringen und zersprengt die Gruppe, es wird damit schwerer, die Kontrolle zu halten.

— **Für Fortgeschrittene. Stopp an der Tür und einzeln hereinbitten** – Das schult den Hundehalter in der richtigen Ansprache des jeweiligen Hundes.

Möchte man die Tabuzone „ Tisch" etablieren und ein Hund setzt sich darüber hinweg, dann hat der Hund viel mehr Möglichkeiten, den Raum unter dem Tisch zu halten, als wir ungelenken Zweibeiner. Krabbeln wir gar mit unter den Tisch, kann das zu bösen Missverständnissen führen. Die richtige Lösung in dem Fall ist, keinen Blickkontakt zum Hund zu suchen, ihn kommentarlos anzuleinen und ohne viel Aufhebens aus der Situation zu führen.

01 – 02 Beute aufnehmen und offensiv darbieten. Ein Wegziehen oder Hochreißen motiviert die Hunde zum Fangen der Beute.

03 – 04 Beute mit wenig Energie anbieten, denn die Hunde sind bereits ausreichend auf die Beute fokussiert.

05 Über das gemeinsame „Spiel" findet ein intensiver Austausch statt.

06 Der Mensch bestimmt den Spielverlauf, so auch den Abbruch. Übt man den Abbruch aus dem Spiel heraus, kann man ihn auch im Ernstfall einfordern.

06

HILFSMITTEL FÜR DEN ALLTAG

Je größer die hündische Gemeinschaft, desto mehr teilt sich die Aufmerksamkeit des Leitmenschen. Zeigt ein Mitglied Verhaltensauffälligkeiten, wird er zum „Störer" des Gruppengefüges.

Wird mit diesem Hund allein trainiert, nimmt man ihn aus dem Gefüge und isoliert ihn da, wo er eigentlich trotz seiner Problematik seinen Platz finden sollte. Zur Integration verhaltensauffälliger Hunde stehen dem Leitmenschen Hilfsmittel wie Maulkorb, Hundebox und Leine zur Verfügung.

DER MAULKORB

Hunde, die einen Maulkorb tragen, sind oder werden nicht automatisch durch das Tragen aggressiv. Der Maulkorb ist keine Strafmaßnahme sondern ein sinnvolles Hilfsmittel, neben Bissverletzungen verhindert er unerwünschte Aufnahme von Kot, Essensresten und auch Giftködern. Es gibt viele Gründe, warum ein Maulkorb hilfreich sein kann, vor allem aber bietet er Schutz. Ein Maulkorb ist nicht die Lösung für alle Probleme, aber er nimmt Sorge und Stress aus angespannten Situationen und bietet so allen Beteiligten die nötige Gelassenheit, um zu einem sicheren und normalen Miteinander zu finden.

ANFORDERUNGEN AN EINEN MAULKORB

— Er soll leicht, aber stabil sein und keine scharfen Kanten haben.
— Der Hund muss problemlos hecheln und trinken können.
— Die Auflagefläche auf dem Nasenrücken sollte gepolstert sein.
— Eine freie Sicht muss gewährleistet sein.

Es gibt viele unterschiedliche Arten von Maulkörben. Nylonschlaufen taugen nicht, sie schützen weder vor unerwünschte Essensaufnahme, noch vor Verletzungen. Außerdem kann der Hund damit nicht hecheln.
Plastikkörbe schützen bei leichten Übergriffen ausreichend, halten aber massiven Beißattacken nicht stand.

Wichtig! Ein Hund mit fehlender Beißhemmung benötigt einen gut sitzenden Metallmaulkorb. Bitte lassen Sie sich dazu von einem Fachmann beraten.

01

☞ PRAXIS ALLTAG

HUND MIT MAULKORB IN DER GRUPPE

Besteht die Gefahr, dass der neu in die Gruppe eingeführte Hund seinen Fang als Waffe missbraucht, trägt er zur Vorsicht einen Maulkorb, denn als Leitmensch habe ich meinen Hunden Schutz zugesichert. So verhielt es sich bei der Aufnahme von Herrn Rossi, einem Galgo-Mix aus dem Tierheim. Er sei nicht zu resozialisieren, hieß es. Herr Rossi zeigte nicht nur Hunden gegenüber Zähne, er hatte auch gelernt, Menschen auf diese Weise fernzuhalten. Folglich trug er in unserer Gruppe während der Integrationsphase einen Maulkorb. Anfangs habe ich den Korb nur zum Fressen abgenommen, damit ich entspannt mit ihm kommunizieren und unsere Tagesabläufe normal etablieren konnte. Auf das Sozialverhalten der Hunde untereinander hatte das Tragen eines Korbes zunächst keinen Einfluss.

01 – 02 Bus und Bahnfahren mit Maulkorb, in manchen (Bundes-)Ländern ist es Pflicht.

02

Hunde, so auch Herr Rossi, gewöhnen sich schnell daran und auch die, die keinen Korb tragen, sind nur kurz irritiert von der Optik eines Maulkorbträgers. Trotzdem – der Maulkorb sollte keine Dauerlösung und kein Ersatz für Erziehung sein, er bleibt ein Hilfsmittel. Hunde definieren sich über ihren Fang, sie brauchen ihn für ihre innerartliche Kommunikation: festhalten, knabbern, antippen, schnäuzeln und vieles mehr. In der Maulkorbzeit sollte intensiv mit dem betroffenen Hund gearbeitet und sein Vertrauen gewonnen werden. Er muss lernen, dass Verletzugen absolut tabu sind. Jeden Tag näherten wir uns mit Herrn Rossi diesem Ziel ein Stückchen mehr.

Hilfreich waren dabei auch Situationen, in denen ich bewusst den Konflikt gesucht habe. Zum Beispiel Herrn Rossi abzutrocknen und ihn am ganzen Körper mit einem Handtuch zu berühren. Heute agieren wir im gegenseitigen Vertrauen und Rossi hat gelernt, seinen Fang angemessen einsetzen. Jetzt kann er sich in den sozialen Austausch, den ich so dringend für meine Arbeit mit der Hundegruppe benötige, einbringen. Er entwickelt täglich mehr Persönlichkeit in der Gemeinschaft, die ihm Schutz, Geborgenheit und Freunde bietet. Es besteht keine Notwendigkeit mehr, sein Gegenüber zu verletzen, im Gegenteil es würde seine Existenz, seine Gruppe gefährden.

01

02

01 Der Maulkorb sollte keine Dauerlösung sein. Hunde brauchen ihren Fang bei der innerartlichen Kommunikation, zum Beispiel beim Schnäuzeln.

02 Die Hunde, die keinen Korb tragen, sind kurz irritiert von der Optik eines Maulkorbträgers. Er selbst verbindet den Korb mit dem Rausgehen und Spaß haben.

DEN MAULKORB AUFSETZEN

Wird das Tragen mit positiven Ereignissen verknüpft, akzeptieren Hunde den Maulkorb schnell. Der Korb sollte das erste Mal in einer stressfreien Situation aufgesetzt werden, beispielsweise beim Anleinen zum Walk. Meine Hunde verbinden so den Maulkorb mit Rausgehen und Abenteuer, also mit gemeinsamen Spaß. Beim Aufziehen des Korbes wird der Hund mit der Leine gesichert, damit er in der Situation bleibt. Leckerli oder Leberwurst können den Korb auch für Skeptiker zusätzlich spannend machen. Steckt der Hund seine Nase hinein, wird der Korb geschlossen. Ich schließe den Riemen auf weitesteter Einstellung meist schon vor dem Anziehen. Steckt der Hund die Nase in den Korb, brauche ich nur den Riemen über die Ohren zu stülpen und anschließend die Länge entsprechend kürzen.

DIE BOX (HÖHLE)

Eine unserer Grundregeln ist „Das Bedürfnis nach Ruhe" (siehe Seite 121) und es ist die Aufgabe des Leitmenschen dafür Sorge zu tragen. Eine Box beziehungsweise Höhle bietet innerhalb der hündischen Gemeinschaft jedem, dem Junghund genauso wie dem Senior, Unterschlupf und Geborgenheit, einen Raum für Ruhe und Entspannung. Das macht die Box zum unverzichtbaren Hilfsmittel in der Mehrhundehaltung, denn Schlaf ist ein Grundbedürfnis.

ANFORDERUNGEN AN EINE HUNDEBOX

— ausreichend Platz
— stabiler Stand
— kein Scheppern (bei Bewegung des Hundes)
— gut zu säubern
— gut ausgepolstert
— integrierter Standort (nicht isoliert aufstellen!)

Die Box sollte dem Hund ausreichend Platz bieten. Er muss sich drehen und wenden können, denn Hunde ändern, genau wie wir Menschen, während der Schlafphasen ihre Lage. Stoffboxen wirken optisch leichter, gehen aber schnell kaputt – unsere Elsa beispielsweise trennt als erstes die Reißverschlüsse fein säuberlich vom Stoff ab. Länger Freude hat man an einer Plastiktransportbox. Solche Boxen sind stabil und scheppern bei Bewegungen der Hunde nicht, im Gegensatz zu Metallgitterboxen. Ein weiterer Vorteil ist, dass sie sich einfach und gründlich reinigen lassen. Weich ausgepolstert wird die Box zum Wohlfühlort, an dem der Hund zur Ruhe kommen, träumen und entspannen kann. Die Boxen sollten neben den anderen Schlafplätzen stehen, nur so erhält man das Gemeinschaftsgefühl. Sie sollten nicht genutzt werden, um einzelne Hunde wegzusperren, denn das würde diese isolieren.

EINE INDIVIDUELL GESTALTETE BOX

Hunde gehen nicht nach Aussehen, es ist der Mensch, der sich mit der Optik von Hundeboxen. schwer tut. Mit einem Schreiner lässt sich überlegen, wie Hundehöhlen unauffällig und hübsch ins Mobiliar einfügt werden können. Mit mehreren Hunden zu leben, muss nicht zwingend bedeuten, dass dass es zu Hause wie in einem Schäferhund-Club oder Tierheim aussehen muss.

Perle dreht schnell auf, in ihrer Höhle kommt sie zur Ruhe.

PRAXIS ALLTAG

HUNDEBOXEN IN DER GRUPPE

Unsere Hunde haben einen arbeitsreichen Tag, täglich gibt es neue Eindrücke und Erlebnisse. In den Ruhephasen müssen sie das Erlebte verarbeiten können. Ich stelle dafür neben den normalen Schlafplätzen auch Hundeboxen zur Verfügung. Die Boxentüren stehen tagsüber offen. In der Regel können unsere Hunde ihren Ruheplatz frei wählen, aber verunsicherten und sozialunverträglichen Hunden, wie beispielsweise Herrn Rossi bei Gruppeneintritt, weise ich einen festen Boxenplatz zu. Damit der verunsicherte Neue sich nicht allein irgendwohin flüchtet, führe ich ihn an einer Hausleine (siehe Seite 77) und kann ihm so, gleich von Anfang an, eine eigene Box, die weich ausgepolstert und einladend sein sollte, als Zufluchtsort anbieten. Fortführend an Rossis Beispiel habe ich in den ersten Wochen nachts die Boxentür geschlossen, so konnte ich der Gruppe schlafend Schutz garantieren. Boxen geben auch extrem aktiven Hunden die Möglichkeit zur Ruhe zu kommen (siehe Seite 121).

Wuselt ein Vierbeiner ständig aktiv um einen herum, stört dies nicht nur die ruhende restliche Gruppe, auch mich strengt so ein Verhalten auf die Dauer an. Diesen Hunden biete ich die Box neben meinem Schreibtisch an, denn hier erledige ich in Ruhe den täglich anfallenden Papier- und Computerkram. Durch den begrenzten Raum und meine Ruhe finden nun auch die aktiven Hunde endlich Muße zum Schlaf.
Hunde können aus dem tiefsten Schlaf hellwach aufschrecken und losspringen. Verlasse ich meinen Platz, schließe ich vorher die Boxentür, damit der Hund weiter Ruhe wahrt. Bin ich wieder am Platz, öffne ich die Boxentür wieder. Sollte der Hund aufspringen, setze ich einen Fuß vor die offene Türe und versperre so den Ausgang. Hunde verstehen, wenn sie begrenzt werden (siehe Räume, Seite 157).

Der Erfolg, dass der Hund schlafen lernt, beruht bei Hunden, nicht anders als bei Kindern, in der Konsequenz. Ruhezeiten sollten fest im Tagesablauf verankert werden. Die Vorgaben, wann und wie viel geschlafen wird, macht der Leitmensch.

So wird aus einem Möbelstück eine optisch ansprechende Hundehöhle.

Die Hausleine – ein wertvolles Hilfsmittel im Alltag

DIE LEINE

Die Leine ist die sichtbare Verbindung zwischen Mensch und Hund. Sie vermittelt, richtig geführt, Nähe und Schutz. Ist man gut miteinander verbunden, bleiben auch heikle Situationen kontrollierbar. Zusätzlich leistet sie gute Dienste beim Eingliedern neuer Hunde in die Gruppe und beim Etablieren der Regeln.

Beispiele Hat man einen sehr unruhigen Hund aufgenommen, sollte er einen festen Schlafplatz zugewiesen bekommen (siehe Regeln, Seite 107). Der Hund wird am Schlafplatz angeleint, so kann man trotz möglicher häuslicher Unruhe konsequent bleiben, beispielsweise wenn die Kinder von der Schule nach Hause kommen oder wenn der Postbote klingelt. Das Anleinen ist keine Strafe, sondern eine Schlafhilfe für den Hund, der sonst keine Ruhe finden würde.
Kommt ein Hund ins Haus, der Unsicherheit zeigt, entweder vor Menschen, vor anderen Hunden oder vor häuslichen Geräuschen, Treppen oder Ähnlichem, leistet die Leine ebenfalls wertvolle Beziehungshilfe. Ich verwende in solchen Fällen eine sogenannte *Hausleine* (leichte Leine), befestige sie am Halsband und lasse sie am Hund hängen. Hunde schließen sich gern dem Menschen an. Diese Eigenschaft nutze ich, sollte sich der unsichere Hund im Alltag überfordert zeigen. Ich kann dann, ohne ihn zu bedrängen, die Leine aufnehmen und ihn, mit mir Hand in Hand, durch die Situation führen. Das gelingt auch bei Hunden, die den Kontakt zum Menschen meiden.
Kommt der Hund vom Garten ins Haus, kann ich ihn an der Türe stoppen, unaufgeregt die Leine aufnehmen und erst die Füße säubern, bevor es ins Haus geht. Zur Fütterung führe ich den Hund an der Hausleine zu seinem Futterplatz und leine ihn dort an. Diese und ähnliche Vorgänge laufen ohne Zwang und zusätzlichen Aufwand ab, der Erfolg liegt in der Ruhe und der Geduld. Für meine Hündin Kora habe ich cira vier Monate gebraucht, bis sie ihr Meideverhalten abgelegt hat. Sie kommt jetzt freudig zum Anleinen.

Die Leine verschreckt Hunde nicht. Ganz im Gegenteil: Sie baut Vertrauen auf und schafft Raum für Nähe.

DIE ARBEIT MIT DER LEINE

— *Die Leine verbindet nicht nur sichtbar, sondern auch mental. Der aufeinander abgestimmte und gleichmäßige Laufrhythmus beim Gang an der Leine formt aus der Gruppe eine Einheit.*

DIE LEINE

— die Hand zum Hund

DER GEMEINSAME GANG AN DER LEINE

Ist man mit mehr als einem, gar mit drei, vier oder noch mehr Hunden unterwegs, steigen die Herausforderungen, denn jeder Hund reagiert anders.

Wilhelmine verwickelt sich ständig in der Leine, Willi verbellt jeden vierten Hund, Wonka hingegen zerrt in eine andere Richtung als der Rest der Gruppe. Die Leinen verheddern sich zu einem einzigen Wirrwarr und scheinen eher störend als helfend. Ob die Führungsqualität für mehr als einen Hund ausreicht oder woran noch gefeilt werden sollte, wird besonders deutlich beim gemeinsamen Gang an der Leine.

Ein gut aufgestelltes DogTeam zeigt an der Leine einen homogenen Außenauftritt. Der Hundehalter kann über die sichere Führung der Hunde seine Position als Leitmensch und das Gruppengefüge selbst festigen. Wilhelmines Leine wird kürzer gehalten, Willi wird das Amt des Bewachers entzogen und Wonka wird überzeugt, sich den anderen anzuschließen. Das hört sich ganz einfach an, aber von nichts kommt nichts – entspannte Leinengänge setzen intensive Arbeit von Hunden und Leitmensch voraus, gespickt mit Niederlagen und Erfolgen.

»Ohne Führung vermisst auch ein angeleinter Hund seine Leine.«

Ursula Löckenhoff

MIT DER LEINE EINE EINHEIT BILDEN

Nehmen wir Jacke und Leine vom Haken, ist die Freude unserer Vierbeiner kaum noch zu bremsen, denn jetzt geht es gemeinsam raus in die Natur. Für Hunde hat diese Zeit, die sie aktiv zusammen mit ihrem Menschen verbringen, einen noch höheren oder zumindest gleichhohen Stellenwert wie die regelmäßigen Mahlzeiten. Die Leine bedeutet, miteinander verbunden zu sein, zusammen etwas zu unternehmen. Die Schrittgeschwindigkeit gibt die Führperson vor, dabei werden die gemeinsamen Schritte auf das schwächste Mitglied abgestimmt (zum Beispiel Senior, Welpe, Handicap-Hund oder auch Mini-Hund). Das lockere Traben ist eine Wohltat für den Körper, denn Muskeln, Sehnen und Bänder werden aufgewärmt, bleiben elastisch und trainiert. Genauso ist es Balsam für die Seele, denn beim Laufen werden Endorphine ausgeschüttet und seelische Verkrampfungen gelöst. Der gemeinsame ruhige Gang an der Leine lockert und entspannt

LEINENRITUAL ETABLIEREN

Auch Hundehaltern, die direkt in der Natur wohnen, empfehle ich, das gemeinsame Laufen ihrer Hunde an der Leine zu üben, denn es ist ein gruppenbindendes Element. Egal, ob Sie Ihren Walk nun von zu Hause oder einem Parkplatz am Waldrand aus starten: Die Leine hilft Ihnen, Ihren Spaziergang zu strukturieren. Etablieren Sie den Leinengang als Ritual zu Beginn des Walks. Führen Sie dafür die ersten 5 bis 10 Minuten die gesamte (!) Gruppe in gleichmäßigem Tempo an der Leine. Hunde müssen sich nicht am ersten Baum lösen (Ausnahmen: Senioren und Welpen). Die Hunde warten mit dem Lösen bis zum Ableinen und so lange, bis die Führperson allen eine gemeinsame Lösestelle zuweist. Auch das verbindet.

01

02

die ganze Gruppe und gerade nervöse, hyperaktive oder auch skeptische Hunde werden ruhiger und gelassener. Beim gleichmäßigen Laufen entsteht ein Rhythmus, der die Gruppe zur Einheit verschmelzen lässt. Laufen neue Hunde das erste Mal mit, entwickeln sie spätestens beim gemeinsamen Gang an der Leine ein Gruppen- beziehungsweise Zugehörigkeitsgefühl.

DIE LEINE VERBINDET

Die Leine steht für gemeinsame Aktivität. Beim gemeinsamen Gang an der Leine entsteht ein Lauf-Rhythmus, der die Gruppe zur homogenen Einheit formt:

— durch gleichmäßiges Laufen mit aufeinander angepassten Schritten,
— abgestimmt auf das schwächste Mitglied der Gruppe.
— Markieren und Nasenarbeit ist beim gleichmäßigen Laufen nicht möglich.
— Mein Tipp: Problematische Hunde rechts, also im separaten Leinenraum (siehe Seite 168) führen.

DIE HAND ZUM HUND

Meine Hundegäste legen bei Urlaubsantritt Halsband und Leine an unserer Garderobe ab, denn ich verwende Bänder mit Bene-Bello-Marken und eigenes Führmaterial. Während ihres Aufenthaltes beschnüffeln die Hunde zwischendurch intensiv ihre Sachen. Sie nehmen dabei ihren eigenen, vor allem aber den Geruch ihres Halters auf. Steht die Abreise kurz bevor, packe ich alle mitgebrachten Sachen zusammen. Ich stelle dabei immer wieder fest, dass meine Hundegäste emotionaler auf ihre Leine reagieren, als zum Beispiel auf ihr Hundebett. Hunde assoziieren also nichts Negatives mit der Leine. Sie wissen: Die Leine ist die direkte Verbindung, sozusagen der „heiße Draht“, zum Menschen. Sie ist die Hand zum Hund und verbindet folglich nicht nur optisch, sondern auch mental.

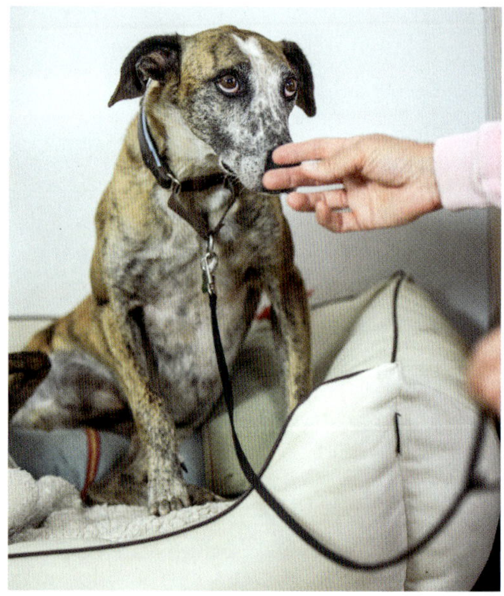

05

06

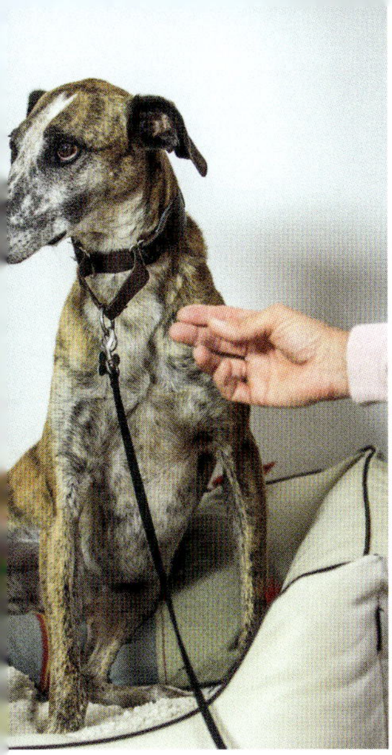

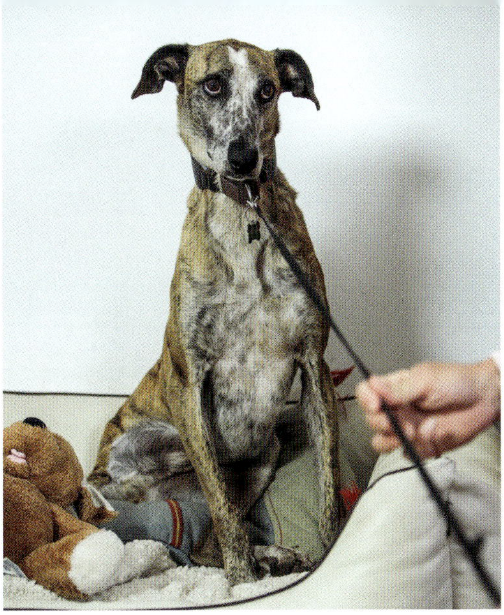

03

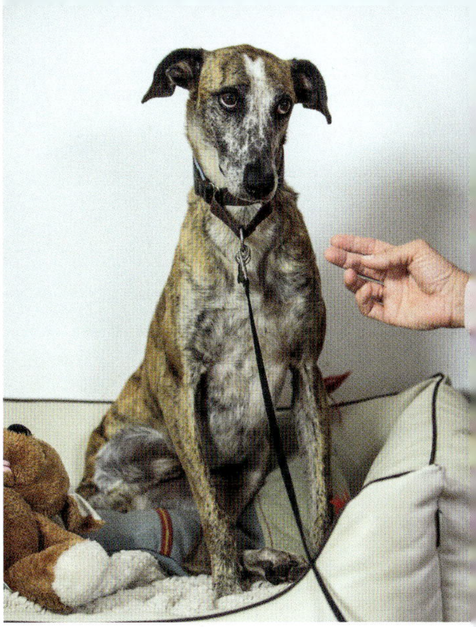

04

01 Herr Rossi möchte sich seiner Bezugsperson anschließen, weiß nur nicht wie. Die Hausleine macht eine Kontaktaufnahme möglich.

02 Nähert sich die Bezugsperson, dreht Rossi sich weg und signalisiert Ablehnung. Ohne die Begrenzung der Leine würde er aus der Situation flüchten.

03 Die Leine wird sanft gespannt. Rossi ist noch skeptisch, aber wieder im Gespräch. Er beobachtet den Menschen, um ihn besser lesen zu können.

04 Wichtig ist jetzt, die Leine zu lockern und so dem Hund Zeit und Raum zum Nachdenken zu geben.

05 Herr Rossi entscheidet sich für eine Kontaktaufnahme, weil der Raum begrenzt ist.

06 Die Leine gibt ihm die nötige Anleitung, um richtige Entscheidungen zu treffen.

01

02

KOMMUNIKATIONS-MITTEL LEINE

Die Leine hat also eine große Bedeutung für unsere Hunde. Das Wissen können wir nutzen und sie als Kommunikationsmittel einsetzen. Über die Leinen spüre ich die Hunde genauso wie sie mich. Über Leinenimpulse macht man gegenseitig aufeinander aufmerksam und kommt miteinander ins Gespräch.

Beispiel Unterwegs mit den Hunden zum Wald, begegneten wir der Nachbarin, die ihre Katze ausführte. Labradoodle Toby gab mir einen Impuls, einen leichten Ruck an der Leine in Richtung Katze. Ich wendete mich ihm zu und nahm bei der Drehung meine Leinenhand nach hinten. Damit setzte ich einen Gegenimpuls, denn die Leine straffte sich in Tobys Richtung und so waren wir beide nun über die Leine im Gespräch: „Alarm Katze!" teilte er mir mit. „Nein, wir gehen weiter!" antwortete ich. Das taten wir dann auch, denn wir kennen die Nachbarin und ihre Katze und in der Situation brauchte es keine weitere Diskussion.

Je länger die Leine ist, desto „kälter" wird der „Draht". Folglich kommen auch die Informationen schleppender beim Kommunikationspartner

03

01 Leinenimpuls von Toby an Führperson: „Katze von rechts!"

02 Leinenimpuls der Führperson an Toby: „Weiter!"

03 Das Leinenmaß gibt Toby die Möglichkeit zur Eigenkorrektur und sich der Führperson aus eigenem Antrieb anzuschließen.

an. Je mehr die Leine baumelt und durchhängt, desto störanfälliger wird die Verbindung. Verheddern oder Verknoten der Leinen können die Folge sein. Das führt zwangsläufig zu einem Kommunikationsstopp, der gefährliche Folgen haben kann, einen Sturz der Führperson zum Beispiel, oder ein Ineinander-Verbeißen der angeleinten Hunde.

☞ PRAXIS ALLTAG

SOZIALER AUSTAUSCH ÜBER DIE LEINE

Mit Hunden im Erziehungs- oder Beziehungsaufbau ist die Kommunikation über eine kürzere Leine sinnvoll. Da ich Rechtshänder bin, nehme ich die problematischeren Hunde auf meine rechte Seite, denn rechts bin ich geschickter und auch kräftiger. Die von mir aufgenommenen Pflegehunde aus dem Ausland kennen meistens keine Führung an der Leine. Aus diesem Grund laufen sie anfangs an kurzer Leine, während die anderen Hunde etwas mehr Leine bekommen. Eine kurze Leine ermöglicht einen kurzen Kommunikationsweg, schnell und präzise werden Informationen wie: „Bitte langsamer", „wieder etwas zurück", „Nase nicht auf die Erde" und vieles mehr transportiert. Der Austausch ist für den Einzelnen verständlicher und die Gruppe somit weniger

problemanfällig, Störungen können verhindert oder aber zeitnah behoben werden. Ich bleibe mit den Hunden in Verbindung, indem ich die Leine nachgebe oder annehme. Sanfte oder intensive Impulse im schnellen oder langsamen Wechsel werden dabei auf den Hund und die Situation angepasst. Auch mit mehreren angeleinten Hunden sollte der Einzelne erreichbar und ansprechbar sein.
Die Leinen können jeweils auf- oder abgerollt oder die Hand mit der Leine vor- oder zurückgeführt werden. Um über die Leinen zu kommunizieren, können auch die Finger zum Einsatz kommen – das Handling der Leinen ist letztendlich eine reine Übungssache.

LEINENFÜHRUNG MIT MEHREREN HUNDEN SCHULEN

Um die Fähigkeiten in der Leinenführung mit mehr als einem Hund zu schulen, kann man an Touren von Hundetagesstätten, Hundepensionen oder DogWalkern teilnehmen. Auch manche Hundetrainer bieten zur Vorbereitung für eine Mehrhundehaltung ihre Hunde zur Schulung an.

HANDLING ZUR RICHTIGEN INFORMATIONSÜBERMITTLUNG

Leinenimpulse

Sanfte oder intensive Impulse über die Leine bringen den Teampartner in die Aufmerksamkeit.

01 Die Leinenlänge lässt sich einfach variieren.

02 Wickelt man die eingedrehte Leine ab, bieten sich dem Hund mehr Möglichkeiten, eigene Entscheidungen zu treffen, z. B. Gerüche aufzunehmen.

03 Ein Aufwickeln begrenzt den Hund in seinen Aktionen.

04 Lanka wird abgelenkt und sendet einen Impuls über die Leine an mich.

05 Mein Zeigefinger tippt gegen die Leine. Der Gegenimpuls bringt Lanka wieder in die Aufmerksamkeit.

Sie können sowohl von der Führperson an den Hund, wie umgekehrt, vom Hund an die Führperson übermittelt werden.

Faustregel Je mehr die Leine durchhängt, desto stärker akzentuiert, dadurch eventuell auch unangenehmer, erfolgt der Impuls für den Gesprächspartner, sobald die Leine sich strafft.

Die Länge verändern

Eine kurze Leine gibt leicht verständliche und präzise Informationen.

- Sie eignet sich für das Laufen im Straßenbereich.
- Für Hunde im Erziehungsaufbau.
- Kurze Leine bedeutet: bitte anschließen, Schritttempo halten und folgen. Die Hunde begeben sich in die Führung des Leitmenschen und haben nur geringe Möglichkeiten für eigene Entscheidungen.

Wichtig: Die Länge der Leine sollte ausreichende Möglichkeiten zur Eigenkorrektur (siehe Seite 92) bieten.

Eine lange Leine macht die Kommunikation ungenauer. Sie bietet mehr Freiraum, der den Hund nicht überfordern darf.

- Sie eignet sich für das Laufen in der Natur.
- Für leicht zu führende Hunde,
- Lange Leine heißt: bitte anschließen, schnuppern, markieren, ruhige Sozialkontakte sind jetzt möglich. Die Hunde begeben sich in die Führung des Leitmenschen und haben mehr Möglichkeiten für eigene Entscheidungen. Über die Leine bleiben sie aber trotzdem im Folgemodus.

06 Je mehr die Leine durchhängt, desto langsamer und unklarer wird der Kommunikationsfluss. Aus einem Impuls kann dann für Hund oder Mensch ein schmerzhafter Ruck werden.

Wichtig: Mit der langen Leine hat der Hund auch in Konfliktsituation eine größere Auswahl an Möglichkeiten: Er kann sich für ein Fehlverhalten oder für eine Eigenkorrektur entscheiden. In solchen Situationen kann die Führperson Vertrauen zeigen und prüfen, ob ein problematischer Hund sich bereits selbst korrigieren kann und wenn nicht, wie viel Hilfestellung er noch braucht.

☞ PRAXIS ALLTAG

MEHR HUNDE, MEHR LEINEN

Je mehr Hunde man führt, desto besser sollte das Leinenmaterial in der Hand liegen. Trotz der aufgenommen Leinen müssen sich die Hände fest zur Faust schließen lassen. Ich verwende Leinen aus einem griffigen Material in unterschiedlichen Farben. In Korrektursituationen kann ich so auf einen Blick dem jeweiligen Hund die richtige Leine zuordnen und entsprechend schnell agieren. Da ich viele Hunde an der Leine führe, spare ich mir Leinenmaterial und arbeite mit Doppelführleinen. Sie sind circa 2,20 m lang und geben genug Raum, um zwei Hunde daran zu führen. Koppele ich zwei Hunde an einer Leine, laufe ich nicht Gefahr, beim Fallenlassen der Leine einen Hund zu verlieren. Dabei ist bitte unbedingt zu beachten: Die Hunde sollten ungefähr gleich schwer und gleich groß sein, sonst wird in Problemsituationen der schwächere in Bedrängnis gebracht. Ungünstig ist auch, zwei leicht reizbare Hunde an einer Doppelleine zu führen, denn es könnte einer, oder gar beide, die Kontrolle verlieren und eine Beißerei wäre die Folge. Zwei Trödler sind zusammen gekoppelt genauso ungünstig, denn fallen zwei Hunde zurück, ist dieLeinenlänge nicht ausreichend.

Doppelte Halsung mit eigener Doppelführleine

Es sollten also die Schwachstellen jedes einzelnen mitgeführten Hundes bekannt sein. Hunde, die mehr Aufmerksamkeit und Korrektur benötigen, zum Beispiel Leinenzieher oder -pöbler, führe ich einzeln, also nicht gekoppelt, an doppelter Halsung oder Halsband und Geschirr mit einer eigenen Doppelführleine. Ich erhalte so eine Art Zügel, über den sowohl der obere, als auch der untere Hals- oder Rückenbereich angesprochen werden kann. Auf diese Weise kann ich doppelte Impulse auf einer breiten Fläche setzen. Zieht ein Hund stur an der Leine, löse ich die Zugsituation über ein Nachgeben der Leine, um sie dann wieder zu straffen. Der eine Hund mag keine Katzen, der andere keine entgegenkommenden schwarzen Hunde, wieder ein anderer nimmt alles Essbare vom Boden auf oder verbellt Fahrräder. Meine Stimme kommt zum Einsatz und die verbale Beschwerde bekommt Unterstützung über die Fanghand, die den jeweiligen Hund antippt, sollte es eine Situation erfordern.
Hunde teilen ihre Stimmungen über unterschiedliche Signale mit, beispielsweise über Großwerden oder Abwenden, Fixieren oder Schlecken, Schnaufen oder Brummeln, mit steifem oder abgesenktem Gang (siehe Kommunikation, Seite 125).
Habe ich über die Leinen eine gute Verbindung zu meinen Hunden, empfange deren Signale und antworte entsprechend, dann agiere ich vorausschauend und vermeide die Eskalation des Einzelnen und schütze so die gesamte Gruppe.

LEINENFÜHRIGKEIT ÜBEN

Die Leinenführigkeit trainiere ich normalerweise in und mit der Gruppe. In der Regel entwickeln die Hunde durch das gleichmäßige Laufen und das Anpassen ihrer Schrittgeschwindigkeit schnell ein Gruppengefühl.
Problematisch ist, wenn keiner der mitgeführten Hunde im Gruppenverband läuft. In diesem Fall muss erst einzeln gelaufen und nach und nach die weiteren Hunde zum gemeinsamen Gang an der Leine hinzugeholt werden. Man beginnt mit dem kooperativsten Hund, dabei sollte nicht das konditionierte Fußlaufen im Vordergrund stehen, sondern die Leinenführigkeit über gruppenbindende Maßnahmen (siehe Seite 59) erarbeitet werden.

Im Gespräch an der Leine. Hunde, die über eine Leine gekoppelt werden, müssen ungefähr gleich groß sein.

FÜHRUNG VON KOPF BIS FUSS

Hunde begeben sich angeleint in die Hände der Führperson (Leitmensch). Das kann der Hund positiv wie negativ empfinden. Es ist vergleichbar mit einer Wandergruppe, die sich durch ein Seil miteinander verbunden, vertrauensvoll vom Bergführer über den Berg leiten lässt. Wären Sie da nicht auch lieber in der Obhut eines kompetent wirkenden Bergführers, also jemandem, der deutlich kommuniziert, mit Freude bei der Sache ist und Sie dazu vor Gefahren schützt? In der Mehrhundehaltung wächst die Verantwortung der Führperson mit der Anzahl der mitgeführten Hunde. Führung beginnt im Kopf und setzt sich über den Körper bis zu den Fußspitzen hin fort. Die Arme führen und leiten, während die Hände (und die Finger) die Leinen halten und darüber die Hunde spüren. Die Beine geben Bewegungsrichtung und Schrittgeschwindigkeit vor, die Füße sorgen für eine sichere Bodenhaftung und eine gute Erdung. Mein Körper sollte umsetzen, was ich denke, nur dann kommuniziere ich verständlich für die Hunde. Schauen wir dazu bitte noch einmal auf das Beispiel mit der Nachbarskatze (siehe Seite 86): Die Katzenbegegnung könnte das Gruppengefüge, die Ordnung zerstören. Mein Kopf signalisiert meinem Körper „Gefahr". Adrenalin fließt, mein Körper strafft sich, die Hände fassen die Leinen fester, dadurch signalisiere ich der gesamten Gruppe, dass die Führung in meiner Hand bleibt. Alle sind hochkonzentriert, eine Schwäche kann ich mir in der Situation nicht erlauben. Toby wird, wie zuvor beschrieben, verbal und über einen Leinenimpuls gemahnt. Meine Beine geben unbeeindruckt die Laufrichtung vor, während meine Füße instinktiv sicheren Halt und Bodenhaftung suchen. Habe ich wieder die Aufmerksamkeit der Gruppe, führe ich sie unterstützend über Körperhaltung und Handzeichen. Ein angemessenes verbales Lob, ein kleiner liebevoller Impuls oder ein Streichen über den Fang sind als Motivation völlig ausreichend. Mehr würde den ein oder anderen übermotivieren und die gemeinsamen Schritte aus dem Takt bringen. Hätte ich nur an den Leinen gezerrt und nur Arme und Hände eingesetzt, hätte ich in dieser Situation die Führung und damit die Kontrolle über meine Hunde verloren.

01 Der vorgebeugte Oberkörper unterstreicht die verbale Ermahnung.

02 Nero hat genug Raum sich selber zu kontrollieren.

KONFLIKTE UND LÖSUNGEN

Nicht jeder Hund ist sofort bereit, sich dem Gruppenverband anzuschließen und anstandslos alle Regeln zu akzeptieren. Je nach Hundetyp nutze ich den Konflikt, um mich entsprechend zu positionieren und die Regeln für den gemeinsamen Gang an der Leine zu etablieren.
Die Konfliktfähigkeit sieht bei jedem Hund und auch bei jedem Zweibeiner anders aus. Über die alltägliche Beziehungsarbeit kann jeder Hundehalter herausfinden, wie er mit dem jeweiligen Hund in solchen Situationen am erfolgreichsten kommuniziert. Der Konflikt sollte zeitnah und zur allgemeinen Zufriedenheit abgeschlossen werden, eventuell indem man eine Kompromisslösung für den Augenblick findet und „im Guten" weiter zieht (siehe Akzeptanz statt Gehorsam, Seite 66). Wichtig ist dabei auch, dem „Störenfried" die Möglichkeit zur Eigenkorrektur zu lassen. Und noch einmal verweise ich auf das Beispiel mit der Nachbarskatze: Kommt uns die Katze entgegen, ist es wenig hilfreich, die Katze auszublenden und an etwas anderes zu denken, nur damit sich meine Sorge nicht auf die Hunde überträgt. Nein, jetzt darf ich Adrenalin ausschütten, um in den Konflikt zu gehen und zwar bevor die mitgeführten „Antikatzen-Hunde" der Katze auf den Pelz rücken wollen. Der Konflikt ist verbunden mit einer Korrektur und einem sich daraus ergebenden positiven Lernergebnis. Ziel ist es ja, ähnliche Situationen auch in Zukunft zu bewältigen. In dem Beispiel mit der Nachbarskatze hatte ich diesen Konflikt mit Toby bereits ausgetragen. Hier bedurfte es nur noch einer Ermahnung, um unaufgeregt weiter laufen zu können.

EIGENKORREKTUR

Eine Eigenkorrektur ermögliche ich über ein Nachgeben der Leine. Der Hund bekommt Zeit und Raum, sein falsches Verhalten zu überdenken und sich selbst zu korrigieren (oder auch einen anderen gruppenkonformen Vorschlag zu machen). Stelle ich einem problematischen Hund mehr Freiraum zur Verfügung, sollte ich auf der Hut sein und mit fortgesetztem Fehlverhalten rechnen. Entsprechend vorausschauend sollte die Korrektur erfolgen, durch eine verbale Ermahnung zum Beispiel, oder körperlich durch ein Antippen der Schulter. Droht der Hund, sich im Fehlverhalten zu verlieren, kürze ich die Leine und gebe dadurch wieder mehr Führung beziehungsweise Halt. Dennoch sollte auch dem problematischen Hund immer wieder die Möglichkeit zur „freiwilligen" Einsicht angeboten werden. Denn akzeptiert der Hund die Korrektur und reagiert gruppenkonform, brauche ich beim nächsten Reiz weit weniger Energie, um die Situation zu lösen.

Beispiel Wir starten zum gemeinsamem Gang, alle Hunde sind angeleint und wir treten gemein-

03 Wenig Einsatz bei der Erinnerung

04 Nero hat sich im Griff, jetzt kann ich die Kleinen mahnen. Gemeinsam Situationen meistern, schweißt zusammen.

sam durch unser Tor. Es ist zu schmal, um alle Hunde gleichzeitig durchzuführen, also lasse ich die Hunde der rechten Seite vorgehen, dann folge ich und an mich schließen sich die Hunde der linken Seite an. Die Vorläufer, dazu gehört auch Lanka, das Thai-Mädchen, sollen nachdem sie die Türe passiert haben auf den Rest der Gruppe warten. Lanka aber nutzt die komplette Leine und fordert mehr, akzeptiert die Begrenzung nicht. Ich erinnere Lanka verbal an die Regel zu warten, sie kommt zwar nicht zurück, aber setzt sich hin. Sie korrigiert sich und bietet sich dabei auf ihre Art an. Ich honoriere das, indem ich zu ihr aufschließe, sodass sie sitzen bleiben kann.

Ein weiteres Beispiel: Labrador Nero mag nicht alle entgegenkommenden Hunde. Muss er auch nicht, aber er darf nicht unseren Verbund durch seine Empfindlichkeiten gefährden. Äußert er sein Missfallen durch aufgeregtes Schnauben und Vorwärtsdrang, mahne ich ihn verbal, setze eventuell unterstützend einen Impuls am Hals, lasse die Leine aber weiter locker. Ich vertraue ihm, dass er sich selbst korrigiert. Das honoriert er, indem er weiter im Gruppenverbund läuft.

☞ 5 ERFOLGSTIPPS FÜR DEN LEINENGANG

1. Anleinen erfolgt ruhig und entspannt.

Einer nach dem anderen wird angeleint – alle warten aufeinander.

- Schulung des Respektes und der Rücksichtnahme.
- Übung für Geduld, Warten und Impulskontrolle.

Praxis-Tipp Um das Anleinen zu ritualisieren, empfehle ich eine begrenzte Fläche, zum Beispiel die Diele, Garage oder Ähnliches. Das hilft, Gewusel und Aufregung zu vermeiden. Die Anleinsituation sollte immer entspannt ablaufen.

2. Keine Knoten

- Die Leinen liegen verknotet nicht gut in der Hand.
- Knoten erschweren das Handling der Leinen.
- Knoten stören die Kommunikation.

3. Aktive Führung

- Festigt die Position des Leitmenschen.
- Gewährleistet einen intakten Kommunikationsfluss.
- Ermöglicht es, zu agieren statt zu reagieren (reagieren ist oft zu spät).
- Nicht an Gefahren heranführen, sondern an Gefahren vorbeiführen, gegebenenfalls ausweichen.

Handling-Tipp Der Hund sollte nicht über die Leine gezogen werden. Die Leine setzt lediglich den Impuls für die Aufmerksamkeit. Herangeholt oder korrigiert wird der Hund über die Stimme und/oder Körpersprache (siehe Handzug, Seite 152).

Praxis-Tipp Hunde mit Fluchttendenz werden mit einer zusätzlichen Leine am Gürtel der Führperson befestigt. Über eine extra Leine halte ich die für die Kommunikation so wichtige direkte Verbindung zum Hund.

4. Komfortable Position im Leinenraum

- Jeder Hund muss genug Platz haben, um locker laufen können.
- Die Leinenposition der Führperson muss respektiert werden.
- Nicht drängeln und schubsen.
- Auf kleine oder Handicap-Hunde oder Senioren muss Rücksicht genommen werden.
- Kontakte im Leinenraum müssen im gegenseitigen Respekt ablaufen.
- Der Leinenraum der Hunde ist privat und wird von der Führperson vor Fremden geschützt.

Praxis-Tipp Ich sortiere die Hunde fächerförmig, die problematischen Hunde gehen innen an entsprechend kurzer Leine, die leicht zu führenden Hunde gehen außen oder in zweiter Reihe mit längerer Leine.

5. Konzentriertes Laufen

Der gemeinsame Lauf-Rhythmus verbindet. Innerhalb der Gruppe wird der gemeinsame Lauf gestört durch:

- Spielaufforderungen
- Markieren
- Nasenarbeit
- Zug an der Leine

Praxis-Tipp Keiner der angeleinten Hunde sollte Beute, zum Beispiel einen Dummy oder ein Spielzeug, tragen. Der Fokus liegt dann auf der Beute und die Hunde werden unkonzentriert (im schlimmsten Fall könnte eine Beißerei an der Leine daraus folgen).

Wichtig! Ein absolutes „No-Go“ sind Flexileinen. Sie liegen schlecht in der Hand, eine direkte Kommunikation zum Hund ist nicht möglich, denn der Hund nimmt sich ungefragt den Raum, den er braucht. Wird die Flexileine gestoppt, ist das nicht verständlich für den Hund.

01 Auch das Ableinen erfolgt ruhig und entspannt. Die Gruppe steht zusammen und wartet, bis alle abgeleint sind.

02 Der Ungeduldige wird verbal und gegebenenfalls körperlich korrigiert und gemahnt zu warten.

03 Wenn die Gruppe sich entspannt hat, wird einer nach dem anderen abgeleint. Erst die eine, dann die andere Seite.

04 Abgeleint werden die Hunde, die gruppenkonform agieren und auch ohne Leine zuverlässig auf Rückruf reagieren.

05 Um auch dem Einzelnen meine Verbundenheit zu bestätigen, streichle ich jeden Hund sanft im Schnauzenbereich.

06 Sind alle Hunde abgeleint, die Leinen sortiert und umgehängt, ziehen wir geschlossen los.

01 Willi hat uns entdeckt. Er löst sich aus dem Gruppengefüge und wechselt den Leinenraum.

02 Sein Teammitglied sucht Hilfe bei der Führperson.

03 Willi sichert seinen Raum, während wir unbeeindruckt weiterziehen.

01

04

05

PRIVATSPHÄRE LEINE

Die Leine ist nicht nur eine Kommunikationshilfe, mit ihr kann man sich auch wunderbar Räume erarbeiten (siehe Räume, Seite 157).

DER LEINENRAUM

Der Leinenraum ist die Fläche, die dem Hund über die Leine verfügbar gemacht wird. Hunde lernen folglich, über die Leine in dem ihnen zugedachten Raum zu bleiben und darüber Grenzen zu akzeptieren. Die Führperson weist den mitgeführten Hunden entweder die linke oder die rechte Seite neben ihr zu. Der Leinengang verläuft strukturiert, wenn jeder Hund innerhalb seines zugewiesenen Raumes einen komfortablen Platz findet und dort gehalten wird. Das vereinfacht das Laufen mit mehreren Hunden erheblich. Der Leinenraum ist so für unsichere Hunde eine wichtige Stütze, denn die Begrenzung gibt Sicherheit. Es ensteht eine Zone, die einschätzbar und vorhersehbar ist. Genauso wichtig ist der Leinenraum für Draufgänger, die temperamentvollen, nur schlecht zu zügelnden Hunde. Der Hund lernt, seinen Trieben nicht impulsiv nachzugehen, er wird stattdessen angeleitet, sich zu kontrollieren. Auch Sie selbst brauchen einen sicheren Raum zum Laufen. Eingenommen wird er über Körper, Füße und Schritte. Keiner der Hunde darf vor den Füßen der Führperson oder hinterrücks die Seiten wechseln, sie müssen im rechten oder linken Leinenraum gehalten werden. Die

02

03

06

04 Diesmal geht die Führperson in den Konflikt und trägt ihn aus.

05 Willi geht auf der uns zugewandten Seite und wird seitlich mit der Fanghand korrigiert.

06 Willi ist wieder im Gespräch, jetzt kann die Führperson Willi erreichen.

07 Willi bekommt genug Leine, um eine gruppenkonforme Entscheidung zu treffen, aber zu wenig, um erneut zum Angriff zu starten.

Führperson könnte fallen und das würde das gesamte Gefüge gefährden.

Werden die Hunde sicher geführt, passen sie die Schrittgröße aneinander an und das so abgestimmte Tempo verbindet die einzelnen Räume und macht aus der Gruppe eine Einheit: den *Individualraum* der Gruppe. Der Raum innerhalb der Leine ist nur für die Gruppe bestimmt, hier muss sich jeder Einzelne sicher behütet und wohlfühlen können. Kann die Führperson den geschützten Bereich nicht ausreichend sichern, werden sich die territorialen Hunde zu Wort melden und dies zu ihrer Aufgabe machen. Gelingt es mir aber, dann schaffe ich eine „Privatsphäre“ für mich und meine Gruppe, die uns wieder ein Stück mehr verbindet.

07

WAS KANN DIE LEINE?

— Der Hund verbindet mit der Leine seinen Menschen und die daran gekoppelte gemeinsame Aktion.
— Die Leine schafft Nähe, gibt Sicherheit und Geborgenheit.
— Sie ist eine Erziehungshilfe.
— Die Leine ist mehr als ein Hilfsmittel, sie ist genauso ein Kommunikationsmittel.
— Sie gibt Raum vor, das heißt, über sie werden Begrenzungen etabliert.
— Sie dient der Vorbereitung für den Freilauf.
— Die Leine hält Situationen kontrollierbar.

SOZIALKONTAKTE UND DIE KURZE LEINE

Die kurze Leine ist ungeeignet, um Sozialkontakte zu knüpfen. Sie gibt dem Hund einen eng begrenzten Raum vor, der von mir als Führperson geschützt werden muss. In diesem Bereich können Hunde nicht adäquat kommunizieren, können weder ausweichen noch ausreichend beschwichtigen. Aus einer unglücklichen Begegnung an der Leine lernt der Hund nur, dass seine Führperson ihn in Gefahr bringt, dass er selbst, auf seine Art, die Situation regeln muss und Angriff schon immer die beste Verteidigung war. Sozialkontakte lassen sich in anderen Situationen besser knüpfen.

Die Leine ist Vorbereitung für den Freilauf.

ÜBUNGEN FÜR DEN LEINENGANG

Folgende Übungen helfen, mehrere Hunde kontrolliert zu führen und ohne Leinenzug zuverlässig anzuhalten, sei es an einer Straßenkreuzung oder an einer Ampel oder um Gefahren auszuweichen und rücksichtsvoll Platz zu machen:

Stopp and Go – gemeinsames Laufen und Stoppen, eventuell Warten

— Schulung der Aufmerksamkeit
— Hilfreich, um Tempo aus dem Lauf zu nehmen
— Übung der Impulskontrolle

Verbal „Stopp"
Körper Arme seitlich leicht zum Stopp angedeutet
Korrektur Über den Arm, die Hand und/oder über Raumeinnahme mit dem Bein (seitlicher Schritt vor die Hunde)

Rückwärts – gemeinsames oder seitenweises (linker, rechter Leinenraum) Rückwärtsbewegen

— Schulung der Aufmerksamkeit
— Hilfreich, um Tempo aus dem Lauf zu nehmen
— Konzentrationsübung

Verbal „Rück" oder „Rückwärts".
Körper Arme seitlich leicht zum Stopp angedeutet
Raumeinnahme Füße und Pfoten schreiten gemeinsam rückwärts; oder einseitig: Körper leicht zur jeweiligen Seite gedreht, das Bein nimmt den Raum und bewegt so die Hunde zurück.

Tempowechsel – normales Tempo, Wechsel zum Schleichen, Wechsel zum Laufen

— Schulung der Aufmerksamkeit
— Lehrreich, wie die mitgeführten Hunde jeweils mit Tempo und Energie umgehen
— Konzentrationsübung

01 Folgende Übung bereitet das Herankommen für den Einzelnen innerhalb der Gruppe vor.

02 Lanka wird aufmerksam gemacht und ist trotz Ablenkung gesprächsbereit.

03 Beine und Handzug zeigen die Bewegungsrichtung an und Lanka folgt gern.

04 Hat der Hund zuverlässig verstanden, worum es geht, kann man auch ohne Leine üben.

05 Der Ablauf ist der Gleiche, Lanka bleibt auch ohne Leine kooperativ.

06 Motivation ist das gemeinsame Erarbeiten. Belohnung ist die positive Resonanz der Bezugsperson und der Gruppe.

Verbal Tempowechsel ankündigen (Achtung: Energetische Hunde brauchen wenig Motivationshilfe!)
Körper Bleibt locker bis stramm. Arme halten die Hunde im jeweiligen Leinenraum.
Raumeinnahme Füße und Beine halten den eigenen Raum.

Schlangenlinien und Kreise – gemeinsames Laufen in Schlangenlinien und Kreisen

— Schulung der Aufmerksamkeit
— Hilfreich, um sich aufeinander einzustellen
— Schulung der Rücksichtnahme

Der rechte Leinenraum wird vor den linken gefädelt.

Schmal werden. Vorübung für „aufgefädelt“.

Warten an der Bordsteinkante

Verbal Eventuell den außen laufenden Hund zu mehr Tempo animieren, denn er läuft die größere Strecke.
Körper Gibt Bewegungsrichtung vor
Raumeinnahme Über Fuß und Bein

Schmal werden – durch schmale Stellen führen, zum Beispiel Absperrpoller

— Schulung der Aufmerksamkeit
— Hilfreich, um sich aufeinander einzustellen
— Schulung der Rücksichtnahme

Verbal Eventuell den außen laufenden Hund ansprechen – er schiebt die anderen nach innen.
Körper Arme werden dicht am Körper gehalten und signalisieren so, dass Nähe gefordert ist.
Raumeinnahme Über Fuß und Bein

Aufgefädelt – an schmalen Wegstellen, hintereinander laufen (zum Beispiel, um auszuweichen)

— Schulung der Aufmerksamkeit
— Hilfreich, um sich aufeinander einzustellen
— Schulung der Rücksichtnahme

Körper Leicht seitlich drehen, dabei rechter Arm vor, linker Arm zurück (oder umgekehrt); die Hunde bekommen so die Information, welche Seite vor dem Leitmenschen läuft und welche dahinter.
Raumeinnahme Über Fuß und Bein

Tür auf, Tür zu – angeleint Türen passieren

Die Führperson teilt die Hunde in einen linken und rechten Leinenraum (siehe Leinenraum, Seite 96). Durchschreitet man eine Tür, gehen die Hunde der rechten Seite vor, zeitgleich werden sie gemahnt, Rücksicht auf den Rest der Gruppe zu nehmen: „Warten". Dann folgt die Führperson und an sie schließen sich die links geführten Hunde an. Die Leinen werden alle in die linke Hand genommen, die Hunde sollen „warten" und mit der rechten Hand wird die Tür verschlossen.

— Schulung der Aufmerksamkeit.
— Hilfreich, um sich aufeinander einzustellen
— Schulung der Rücksichtnahme, Konzentration und Impulskontrolle.

Verbal „Warten"
Raumeinnahme Über Fuß und Bein

GESPLITTETER FREILAUF

Beim gesplitteten Freilauf bleibt ein Teil der mitgeführten Hunde an der Leine, während die anderen frei laufen. Jeder läuft nun seinen eigenen Rhythmus, Schritt, Trab oder Galopp, hüpfend, schreitend oder schleichend – jeder wie er mag. Bedingung ist, dass die Gemeinschaft erhalten und der Einzelne mit der Führperson in Kontakt bleibt.

Auch beim gesplitteten Freilauf zeigt ein gut aufgestelltes DogTeam einen homogenen Außenauftritt. Die Leinengänger bekommen mehr Leine, damit haben sie ebenfalls mehr Raum zur Verfügung. Das ist natürlich nötig, um sich in Ruhe zu lösen und, ganz wichtig, um Gerüche aufnehmen zu können. Riechen beziehungsweise „Nasenarbeit" ist eines der Grundbedürfnisse unserer Hunde (siehe Hunde sind Nasentiere, Seite 131). Jetzt ist nicht mehr der Laufrhythmus das verbindende Element, es ist die gemeinsame Aktion, das gemeinsame Erleben, was die Gruppe zur Einheit werden lässt. Für die Führperson ist der gesplittete Freilauf eine noch größere Herausforderung als der gemeinsame Gang an der Leine, denn jeder freilaufende Hund bewegt sich an einer unsichtbaren Leine, die mental aufgebaut und gehalten werden muss. Je mehr Hunde mitgeführt werden, desto höher sollte deshalb die Konzentration sein.

GRUPPE ZUSAMMENHALTEN

Die positiven Eigenschaften der Leine habe ich nun mehrfach erwähnt. Hunde empfinden es nicht als ungerecht, wenn der eine angeleint läuft und der andere frei, das ist menschliches Empfin-

Die Leine hält die unzuverlässigen Hunde zwanglos im Gruppenraum.

Trotz Leine können sie sich aktiv einbringen.

den. Hunde sehen die Leine auch nicht als Strafe, sie gehen gern an der Hand und in der Nähe des Menschen. Für uns Zweibeiner ist es allerdings lästig, einen Hund angeleint durch die Natur zu führen, wenn er doch auch allein laufen kann. Die Versuchung, alle abzuleinen und laufen zu lassen, ist, gerade wenn man mit mehreren Hunden unterwegs ist, groß. Denn es geht sich eindeutig leichter ohne Gepäck. Aber nur scheinbar – denn haben die Hunde nicht gelernt, im Nahbereich mit dem Leitmenschen zu kommunizieren, wie soll es dann auf die Entfernung klappen? Haben die Hunde nicht gelernt, sich zu kontrollieren, ihre Impulse zu steuern, wie soll ich sie dann von einem plötzlich auftauchenden Reiz abrufen? Es läuft sich also nur so lange leichter, solange man nichts vom Hund fordert, was er nicht will oder auch einfach noch nicht gelernt beziehungsweise verinnerlicht hat. Wenn mehrere Hunde „nicht wollen", kann das zu unangenehmen oder gefährlichen Situationen eskalieren (siehe Dominoeffekt, Seite 37).

Ich muss im Freilauf sicher sein, dass die Gruppe eine Einheit bleibt und nicht durch Einzelaktionen gesprengt wird. Hunde dürfen dann in den Freilauf, wenn sie gruppenkonform agieren, die Führperson als solche akzeptieren und sich jederzeit abrufen und stoppen lassen.

Mit den angeleinten Hunden feile ich im Nahbereich vor allem an der Selbstkontrolle und am Gruppenverständnis. Wir sind als Gruppe losgelaufen und Hunde registrieren sehr genau, wenn einer „sein eigenes Ding macht" oder gar einer fehlt. Auch im gesplitteten Freilauf muss die Übersicht behalten und die Gruppe zusammengehalten werden.

☞ PRAXIS ALLTAG

DIE LEINE IM WECHSELSPIEL

Wenn ich mit meiner Gruppe am Waldrand ankomme, leine ich einen Großteil der Hunde ab. Das Ableinen heißt nicht: Leinen los und ab geht die Post! Nein, Ableinen heißt: Geduldiges Warten bis jeder abgeleint ist, nach dem Lefzenkuss (siehe Kommunikation, Seite 152, oder Buch „Dogwalk", Kosmos Verlag) geht es dann gemein-

Lanka darf das Mauseloch anzeigen, sich aber nicht im Vorgang verlieren.

sam los und zwar im engen Gruppenverband. Die Hunde bleiben mit mir auf diese Weise auch ohne Leine verbunden. Kommen wir an eine große Wiese, leine ich die Hunde an, die bei zu viel freiwerdender Energie überdrehen, beispielsweise Terrier-Hündin Peppina oder Bulldogge Lola. Die beiden gehorchen sehr gut. Das ist nicht das Problem. Aber in der Energie des ersten „Runs" könnten sie übertreiben, den anderen Hunden gegenüber übergriffig werden und das Jagdspiel könnte kippen (siehe Spielerisch verbunden, Seite 142).
Ich leine auch die an, die äußeren Reizen mehr Aufmerksamkeit schenken als mir, Whippet Elsa zum Beispiel. Habe ich die Wiese auf Gefahren, wie Wild, Pferde, andere Hunde überprüft und ist sie frei davon, leine ich Elsa ab und schicke die Freiläufer ins „Go". Bis dahin bleiben wir eng zusammen. Ist die erste Energie verbraucht, können auch Lola und Peppina nacheinander los – erst die eine und dann die andere. Auch im Freilauf bleiben die Hunde mit mir verbunden. Ich führe sie an der verbalen und an der körpersprachlichen Leine. Bei einem Reiz, beispielsweise einem Reiter, bin ich so in der Lage, die Gruppe schnell zusammenzuholen. Dabei leine ich das Mitglied mit der schwächsten Impulskontrolle zuerst an, in dem Falle wäre es Peppina. Kommen wir an Picknickern vorbei, leine ich Labrador Mia an. Sie liebt Menschen und Menschen, die auf der Erde sitzen und essen, noch mehr. Ich könnte es auch darauf ankommen lassen, aber Mia ist noch jung. Wir arbeiten noch an ihrer Selbstbeherrschung und würde Mia zu den Picknickern laufen, bestünde die Gefahr, dass dann die ganze Gruppe mitlaufen würde. Die Leine hilft folglich, ganz ohne Aufregung, die Situation kontrollierbar und die Hunde im Nahbereich (im Raum) zu halten.

»Die Leine ist ein Hilfsmittel, um Situationen kontrollierbar zu halten.«

Ursula Löckenhoff

SCHLEPPLEINE

Manche Hunde können sich schlecht in fremde Führung fallen lassen und verlassen sich lieber auf sich selbst, scheue Hunde zum Beispiel oder autarke Hunde, die kein wirkliches Interesse am Gruppengeschehen zeigen und sich in Einzelaktionen verlieren. Diesen Hunden kann man über die Schleppleine mehr Raum zur Verfügung stellen. Sie können sich so aktiver in die Gruppe einbringen und dürfen dabei eigene Entscheidungen treffen. Es wird sichtbar, in welchen Situationen der Hund sich gruppenkonform zeigt und wann er sich mental entfernt. Mit der Schleppleine kann ich jetzt den Konflikt suchen, den Hund genau da korrigieren, um dann die Möglichkeit zur Eigenkorrektur anzubieten. Korrekturen, die der Hund versteht, bei denen er sich einsichtig

zeigt und entsprechend sein Verhalten gruppenkonform ändert, verankern sich nachhaltig. Entscheidend ist die aktive und konsequente Führung der Schleppleine. Hat man als Leitmensch einen schlechten Tag, nimmt man für den problematischen Hund lieber die kürzere Leine, das heißt, es wird nicht noch zusätzlich eine Konfliktsituation gesucht. Sie haben dann ein schlechtes Gewissen, weil Ihr Hund nicht mehr Leine zur Verfügung bekommen hat? Brauchen Sie nicht, bitte immer im Kopf behalten: Hunde lieben die gemeinsame Aktion, das heißt, sie sind auch glücklich, einfach neben uns zu traben, zu schnuppern, zu markieren – mit uns zusammen Eindrücke zu sammeln und diese nach dem Walk schlafend zu verarbeiten. Am liebsten auch dann in unsere Nähe.

☞ PRAXIS ALLTAG

HANDLING DER SCHLEPPLEINE

Schleppleinen gibt es in den unterschiedlichsten Ausfertigungen und Längen. Sie sollten am Geschirr befestigt werden, denn es besteht sonst bei einem plötzlichen Stopp im vollen Lauf Verletzungsgefahr im Halswirbelsäulenbereich.
Ich empfehle eine Schleppleine bis fünf Meter Länge. Eine längere Schleppleine bietet zu viel Auswahlmöglichkeiten, überfordert damit den aktiven und stresst den scheuen Hund – nicht umsonst heißt es: „die Qual der Wahl". Statt, wie gedacht, Gemeinsamkeiten zu erarbeiten, unterstützt eine zu lange Leine, völlig konträr, die Eigenständigkeit des Hundes (beispielsweise das „Mäuseln" oder Buddeln). Effektiver wird mit einer Schleppleine auf drei bis fünf Metern gearbeitet: Der Hund lernt darüber, sich der Gruppe und dem Menschen anzuschließen und sich in Selbstkontrolle zu schulen. So eingesetzt ist die Schleppleine ein wunderbares Hilfsmittel.

Wichtig: Eine Schleppleine ist ideal, um den Rückruf zu üben, dem Hund Raumvorgaben zu geben oder auch den Apport zu trainieren. Sie sollte nicht unkontrolliert, das heißt, ohne Führung am Hund befestigt werden. Bei hoch energetischen, lauffreudigen und schnellen Hunden rate ich unbedingt davon ab. Die Verletzungsgefahr für den Menschen, die anderen Gruppenmitglieder und den Hund selbst ist zu groß.

Über die Leine in Kontakt

Lanka schließt sich mir an.

DAS REGELWERK

— Ein Regelwerk, bei dem sich die Hunde gruppenkonform einbringen können, schafft Sicherheit für den Einzelnen und die Gruppe und ist damit ein entscheidender Wohlfühlfaktor.

STRUKTUREN

— geben Sicherheit

Wird Verhalten toleriert, legt man für zukünftige Geschehen seine Akzeptanz fest.

HUNDE SIND DAS GEGENTEIL VON LANGEWEILE

Je mehr Hunde es im DogTeam gibt, desto notwendiger wird es, sich zu organisieren, bevor das Chaos seinen Lauf nimmt.

Eine Gemeinschaft braucht einen roten Faden zur Orientierung für richtiges Handeln und Verhalten. Trotz Reglementierung bleibt der Spaß nicht aus, denn die Bereitschaft, sich ans Regelwerk zu halten, schafft Vertrauen und Vertrauen schafft Freiräume.

FAMILIENBANDE

Meine Eltern fuhren regelmäßig ohne uns Kinder in den Skiurlaub: Bewusst die Langeweile suchen, das war ihre Interpretation von Elternzeit. Während eines Urlaubes war jedoch ausgerechnet ihr Hotel voll belegt mit unorganisierten Familien: chaotisch, laut, einfach desinteressiert am Wohl anderer Gäste. Nur eine Großfamilie, Mutter, Vater, Kinder, Tante, Onkel samt Oma, so berichteten meine Eltern, wirkte angenehm organisiert. Sie bildeten eine harmonische und funktionstüchtige Gemeinschaft, die sich ihrem Umfeld gegenüber rücksichtsvoll bis distanziert präsentierte. Jeder wusste ganz offensichtlich, was er zu tun hatte und wie er sich einbringen konnte. Jetzt die Überleitung zum Hund zu finden, ist nicht schwer, denn Wölfe, die Vorfahren unserer Haushunde, leben wie wir Menschen im Familienverbund. Günther Bloch schreibt in seinem Buch „Die Pipestone Wölfe“: „ ... wie sehr Wölfe uns Menschen gleichen, mit ihren Onkeln, Tanten, sozialen Helfern, Teenagern und Babysittern.“
Sie leben in einem sozialen Gefüge, in dem die erfahrenen Tiere die Jungtiere erziehen, damit sich diese zum Wohl und Schutz der Gruppe „ordnungsgemäß“ verhalten. Der Haushund hat sich über die Domestikation von der Wolfsfamilie weg, der Menschenfamilie angeschlossen. Das erklärt seinen Wunsch, sich familiär zu binden, innerhalb der Gemeinschaft reglementiert und behütet zu werden, um so seinen Platz und seine Aufgaben zu finden.

»Werte sind verbindlich, weil sie verbinden.«

Paulus Terwitte, Kapuziner

☞ PRAXIS ALLTAG

DER WELPE

Als Hundekind Elsa bei uns einzog, war sie zarte 11 Wochen jung, aber hundesprachlich bereits gut geschult. Sie war in einer Mehr-Generationen-Gruppe groß geworden und hatte dort gelernt, ihre eigenen Fähigkeiten einzuschätzen, sich zu behaupten und entsprechend zu positionieren. Elsa kannte vorher nur Whippets, jetzt aber traten ihr ein kräftiger Labrador, ein umwerfend schneller Galgo, ein schnaubender Boxer und ein großer weißer Wolf entgegen. Was tun? Elsa folgte dem natürlichen Instinkt eines gesunden Hundes und suchte Hilfe beim Menschen. Entsprechend verantwortungsvoll sollten wir uns dieser Aufgabe stellen. Leider beobachte ich, dass manche Hunde entweder keinen Schutz erfahren oder aber überbeschützt werden und das natürliche „sich an den Mensch zu wenden“ dann verloren geht. Beim Schutz des Welpen sollte ein Mittelmaß gefunden werden, gesunder Menschenverstand und ein gutes Gefühl für das jeweilige Hundekind sind dabei hilfreich. Ideal für die soziale Entwicklung des Welpen ist, wenn er multilingual, mit unterschiedlichen Hunderassen aufwächst. Dabei durfte ich Elsa nun unterstützen und unter meiner schützenden Aufsicht hat sie erfahren, dass ihr Verhalten Konsequenzen hat: Beißt sie zu fest zu, bricht ihr Spielpartner das Spiel ab. Zeigt sie fortgesetzt regelwidriges und distanzloses Verhalten, wird dies entsprechend von mir, aber auch von den erfahrenen Hunden der Gruppe, gemaßregelt. Hunde erwarten ein Reglement und suchen deshalb bereits als Welpe nach entsprechenden Strukturen, die Halt und Sicherheit geben.

Heute ist Elsa eine erwachsene Hundedame. Trotz ihrer Zartheit ist ihre Art, sich durchzusetzen und gegen die Großen zu positionieren, sehr wirkungsvoll, sodass ich manches Mal meine schützende Hand über den viel größeren Wolfi halten muss (siehe Miteinander, Seite 11). Langweilig wird es nie in einer Hundegruppe, ich habe es Ihnen ja eingangs versprochen.

Der Welpe wird vom Menschen geschützt …

Elsa übertreibt im Spiel. Sie muss lernen, sich Rosa gegenüber respektvoll zu verhalten.

... *und gefördert.*

Die zarte Elsa weiß um ihre Fähigkeiten. Über Geschick und Schnelligkeit setzt sie sich durch.

Im Spiel lässt sich ausprobieren, wie weit man gehen darf.

☞ PRAXIS ALLTAG

BEISPIELE FÜR REGELN IM ALLTAG

Regeln helfen den Einzelnen zu erziehen, gleichzeitig strukturieren sie die Gruppe und deren Alltag. Falsches Verhalten wird durch Begrenzen und Abbrechen regelwidriger Aktionen angezeigt, während richtiges Verhalten über Wohlwollen honoriert wird.

— **Benimm-Regel** – höfliches und respektvolles Miteinander. Die Position des Menschen sollte keiner der Hunde infrage stellen, den älteren und erfahrenen Hunden muss rücksichtsvoll begegnet werden (siehe goldene Regeln, Seite 123).

— **Verhaltensregeln** – Regeln, die das Verhalten in bestimmten Situationen festlegen. Beispiele: Fremdhundebegegnungen, Wildsichtung, Gewitter, Pferde oder andere Begebenheiten.

— **Geregelter Tagesablauf** – feste Uhrzeiten sind nicht entscheidend, sondern die sich wiedererholenden Abläufe. Beispiel: Frühstück, Vormittagsrunde, Ruhe, Nachmittagsrunde, Übungen oder Spiele, Pflege, Ruhe, Abendessen, kurzes Lösen, Schlafen.

— **Hausregeln** – Verhaltenskodex im Haus. Beispiele: kein Essen vom Tisch klauen; kein Markieren.

— **Spielregeln** – bestimmt der Spielleiter, entweder der Leitmensch oder der erfahrene Hund. Basis ist die Grundregel 2, keine Beschädigungen (siehe Goldene Regeln, Seite 123).

— **Tischordnung** – feste Plätze bei den Mahlzeiten (siehe Fütterung, Seite 62).

Auch kleine Ausnahmen sollten geregelt ablaufen.

GEMEINSAMKEITEN DURCH GRUPPEN-SPEZIFISCHE WERTE

Ein gut kommuniziertes und konsequent eingehaltenes Regelwerk schafft eine Erwartungssicherheit für alle Beteiligten, das heißt, es macht die Tagesabläufe und das Miteinander vorhersehbar. Die so gewonnene Stabilität gibt nicht nur den Hunden Halt, sondern auch uns Zweibeinern, denn Menschen und Hunde sind „Gewohnheitstiere“ und lösen sich nicht gern von liebgewonnenen Gewohnheiten! Über Normen und Rituale im Innen- und Außenauftritt meiner Hundegruppe lege ich Werte für den Umgang untereinander fest. Darüber erhalten die Hunde eine Anleitung für richtiges Verhalten untereinander und Fremden gegenüber. Der Hundehalter sollte sich dabei der innerartlichen Struktur seiner Hundegruppe bewusst sein und diese anerkennen. Hunde wollen mit ihren persönlichen Eigenschaften wahrgenommen und in ihrer Positionierung, sprich ihrem Verhalten innerhalb der Gruppe verstanden werden. Es fällt nicht immer leicht, zu akzeptieren, dass der neue Hund möglicherweise mehr Durchsetzungskraft hat, als der hochgeschätzte Ersthund (siehe Miteinander, Seite 35). Egal welcher der Hunde in der Gruppe Führungsansprüche anmeldet: Dies muss immer respektvoll gegenüber den weiteren Gruppenmitgliedern geschehen (siehe Goldene Regeln, Seite 123). Über die sozialen Interaktionen bringen sich die Hunde in gesundem Maß ein und gemeinsam definieren wir unsere gruppenspezifischen Werte. Gemeinsamkeiten, die uns miteinander verbinden und die die Hunde und mich als erkennbare Gruppe organisieren: für das einzelne Mitglied genauso wie für den Außenstehenden.

»Über Rituale wächst der Einzelne in die Gemeinschaft, sie stärken das Zugehörigkeitsgefühl und sind auch immer ein Stück Heimat.«

Ursula Löckenhoff

KONSEQUENZ, AUSNAHMEN UND RITUALE

Die Konsequenz beim Einhalten der Regeln entscheidet über das harmonische Miteinander. Es erspart Diskussionen und das Zusammenleben gestaltet sich deutlich entspannter und stressfreier. Natürlich lassen sich Konflikte im gemeinsamen Alltag nicht völlig vermeiden. Es obliegt dem Leitmenschen, ein individuell passendes Arrangement von festen Grundregeln (siehe Goldene Regeln, Seite 123) und zulässigen Ausnahmen zu finden. Ausnahmen sind wichtig, denn sie geben Regeln erst die entsprechende Wertigkeit, sollten aber bitte nicht als Ausrede für Inkonsequenz herhalten müssen. So entstehen für jede Gruppe ritualisierte Abläufe und eine ganz eigene Gruppenkultur.

Lola und Wolfi – ein Beispiel für ritualisierte Abläufe zwischen Hunden.

Beispiele Es war Schlafenszeit, aber Boxer-Hündin Sina folgte meiner Aufforderung, schlafen zu gehen nicht, stattdessen schaute sie mich mit großen Augen fragend an: „Bitte noch ein Leckerli?" Habe ich es schon erwähnt? Hunde können uns meisterlich manipulieren und so nahm ich Sinas Vorschlag an, zumal sich auch die anderen Gruppenmitglieder begeistert zeigten. Aber nur unter meinen Bedingungen: kein Schubsen, kein Drängeln, kein Knurren oder Zicken! Die Hunde stellten sich rund um mich auf und nahmen das kleine „Betthupferl" freudig in Empfang. Der Übergang von einer festen Gewohnheit zu einem Ritual ist meist fließend. Aus dem sich nun täglich wiederholenden Ablauf wurde so ein schönes Ritual vor dem Schlafengehen.
Im sozialen Austausch der Hunde untereinander lassen sich ebenfalls ritualisierte Abläufe erkennen. Unsere kleine Gasthündin Bulldogge Lola setzt sich jeden Abend neben Wolfi und lässt sich von oben bis unten beschnüffeln und anschließend pflegen. Hört er auf, rutscht sie näher an ihn heran und bittet ihn, weiterzumachen. Signalisiert er, dass er keine Lust mehr hat, kugelt sie sich neben ihm zusammen und schläft ein.

Über Rituale wächst der Einzelne in die Gemeinschaft. Sie bieten Ankerpunkte, die für Sicherheit und tiefe Verbundenheit sorgen.

Lola sucht jeden Abend seine Nähe und lässt sich von ihm pflegen.

Perle wird mithilfe der Hausleine in die Gruppenregeln eingewiesen.

REGELN VORLEBEN

„Aber wie werden Regeln aufgestellt? Wie werden sie trainiert und welche zuerst?", fragen Sie mich jetzt. Dazu möchte ich gleich feststellen: Werden Regeln antrainiert, erhalte ich Gehorsam statt Akzeptanz. Der Hund wird während des Trainings etwas anbieten, um im Gegenzug etwas zu bekommen. Das heißt, die Einsicht, das Verständnis zum Etablieren der Regeln entfällt und der Hund fokussiert sich mehr auf das, was er bekommen kann. Zusätzlich isoliert ein solches Training den Hund von der Gruppe, denn es fehlt der natürliche soziale Austausch, das Miteinander, das gerade in der Mehrhundehaltung so entscheidend ist.

Beispiel Perle, eine Wasserhündin aus Andalusien, kommt als neuer Pflegehund zu uns. Die Regeln werden gleich von Beginn an von mir, dem Leitmenschen, vorgegeben. Meine Hunde kennen unsere Abläufe und leben diese der Neuen vor. Nicht nur für die Hunde ist das anstrengend, auch ich habe mehr Arbeit als sonst. Meine Augen

Sie schaut bei den anderen Hunden ab, so auch das „Warten".

»Hunde, die Regeln kennen, verhalten sich erwartungsgemäß. Sie handeln nachvollziehbar und man weiß, woran man bei ihnen ist.«

Ursula Löckenhoff

Macanos natürliche Autorität: durchsetzungsstark bei geringem Energieaufwand.

sind überall, denn es soll von Anfang an alles richtig laufen für Perle. Bei Einhalten der Regeln zeige ich meine Zufriedenheit, und macht die neue Hündin einen guten Vorschlag, zum Beispiel verlorene Socken „aufräumen“, antworte ich mit wohldosiertem Lob. Dies alles kennen Hunde aus der eigenen innerartlichen Kommunikation. Toleriere ich Verhalten, beziehungsweise positioniere ich mich nicht deutlich dagegen, dann lege ich damit für zukünftige, ähnliche Vorfälle meine Akzeptanz fest. Also: würde Perle die Socke nicht nur aufnehmen, sondern gleich zerreißen und ich würde dies zulassen, dann lernt Perle, dass sie auch in Zukunft so agieren kann. Folglich beschwere ich mich, so weiß der Hund, was erlaubt ist und was nicht.

Perle ist eine offene und kontaktfreudige Hündin, sie lernt gern und schaut sich bereits vieles bei den anderen ab. Setzt der Hund die Regeln um, ist er im Miteinander des DogTeams angekommen. Macano benötigt als erfahrener Altrüde kaum Energie, um ein Gruppenmitglied zu korrigieren. Es reicht ein Aufrichten und Hochziehen der Lefzen, um weiteres Fehlverhalten zu verhindern. Junghund Wolfi dagegen demonstriert Stärke, wo es überflüssig ist. Er agiert oft laut, aber nicht konsequent effektiv, und lässt sich vom eigentlichen Vorhaben schnell ablenken. Damit man sich dem Gegenüber souveräner durchsetzen kann, heißt es also Erfahrungen sammeln und sich schulen.

DER EINZELNE, DIE GRUPPE UND DIE REGELN

Regeln werden bei Einzug über konsequentes …

— Anerkennen oder Missfallen,
— Zulassen oder Verbieten,
— Begrenzen oder Raumgeben etabliert.

Daraus erschließt sich …

— die Position des Leitmenschen. Sie ist konstant.
— die Positionierung der Hunde innerhalb der Gruppe. Sie ist dynamisch.

Der Einzelne ist integriert,

— wenn er Leitmensch und Gruppenregeln akzeptiert.

01

01 *Ableinen – alle warten.*

02 *Lilli eilt übereifrig vor. Per Handzug bitte ich sie zurück.*

03 *Manipulativ zieht sie alle Register, um privilegiert vorlaufen zu dürfen.*

04 *Elsa beschwert sich, denn mein Einsatz scheint ihr sehr halbherzig.*

05 *Ich gebe Elsa Recht, mahne Lilli erneut und geschlossen ziehen wir weiter.*

02

03

04

05

INTEGRATION

Zeigt der Einzelne die Bereitschaft, sich ans Regelwerk zu halten, ist er integriert und hat sich auf die Gruppe eingelassen. Das bedeutet nun nicht, dass die gut integrierte Thai-Hündin Lanka sich ab jetzt zuverlässig folgsam zeigt. Wenn es so einfach wäre, hätten wir weniger Probleme und jeder würde einfach ein Regelwerk suchen, mit dem sein DogTeam „funktioniert". Es lässt sich aber feststellen: Hat der Einzelne die Regeln verstanden, wird sein Verhalten für die anderen vorhersehbar, genauso wie das Verhalten der Gruppe für den Einzelnen.

Beispiel Bleiben wir bei Lanka, um es an ihrem Beispiel zu erklären. Laufe ich mit der Gruppe, inklusive Lanka, durch ein hundereiches Gebiet, leine ich sie an. Ich weiß, dass Lanka selbstständig Kontakt zu den Fremdhunden suchen, die Gruppe auseinanderreißen und damit gefährden würde. Nun kommen tatsächlich zwei Hunde auf uns zu. Lanka geht erwartungsgemäß in die Leine, windet sich hin und her und stellt die Leine als Begrenzung infrage. Ich gebe einen verbalen Impuls („Hey!") und korrigiere mit der Fanghand (siehe Unsere Hand wird zum Fang, Seite 138) an der Schulter, kürze die Leine und halte sie so von Übersprungshandlungen ab, wie beispielsweise in einen nebenstehenden Hund oder mein Bein zu zwicken (siehe Kommunikationsmittel Leine, Seite 86). Sie akzeptiert Beschwerde und Korrektur, es macht für sie Sinn, denn sie kennt unsere Regeln und weiß genau, dass ihr Verhalten falsch ist. Sie überprüft mit ihrem oppositionellen Verhalten, ob ich in der Lage bin, ihr Vorgaben zu machen. Da ich mich über die Leine abgesichert habe, bleibt die Situation trotz Lankas Ausfall kontrollierbar. Zusammenfassend: Lanka kennt die Regeln, wir wissen beide, was wir voneinander erwarten können. Ich agiere vorausschauend und führe Lanka durch die Situation, leite sie an, sich fortgesetzt gruppenkonform zu verhalten. Das manifestiert meine Position als Leitmensch gegenüber Lanka und der Gruppe.
Hat der Einzelne verstanden, worum es bei der Reglementierung geht, impliziert dies nicht unbedingt, dass er gehorcht, aber sein Verhalten wird vorhersehbar. Würde Lanka gegen die Korrektur angehen, keine Bereitschaft zeigen, sich an Regeln und Vorgaben des Leitmenschen zu halten, dann wäre sie von einer Integration noch weit entfernt.

DER TRIEB UND DER SCHLAF

Hunde agieren im Trieb. Es ist eine psychische Kraft, deren Handlung eine Triebbefriedigung bezweckt. Triebhaftigkeit ist ein ein individuelles, angeborenes, zielgerichtetes Verhalten (ein Labrador agiert im Trieb anders als ein Windhund). Der Hundehalter kann die angeborenen Triebe zusätzlich „wecken" und negativ verstärken. Statt einer Triebbefriedigung gewinnt der Trieb an Stärke, dabei werden Wahrnehmung und Denken eingeschränkt und eine Art Suchtverhalten kann sich entwickeln.

Wichtig: Nicht indem man seine Aktivitäten fortsetzt oder zum Beispiel gleich mehrere Bällchen wirft, verliert der Trieb an Stärke und Bedeutung, sondern über Entspannung, Dösen und Schlafen. Ein ausgeglichener Hund ist ein Hund, der viel Ruhe erfährt. (siehe Der Trieb und der Schlaf, Seite 119).

Wie aber ausreichend ruhen, wenn immer mehr Hunde durch den Haushalt wuseln? Die Gefahr, dass Ruhezeiten nicht eingehalten werden, steigt durch jeden weiteren Hund. Ausreichend Schlaf ist jedoch ist rasseübergreifend wichtig, egal ob Tierschutz- oder Rassehund, egal ob temperamentvoll oder träge und auch völlig egal ob Arbeits-, Sport- oder Familienhund: Ein hohes Maß an Ruhe ist ein Grundbedürfnis. Hunde registrieren dabei sehr genau, wer Privilegien genießt, wer im Bett oder auf dem Sofa schlafen darf zum Beispiel. Das muss jedoch, richtig kommuniziert, nicht zum Problem werden. Wolfi, im Status höher als Elsa, käme nicht auf die Idee, das Sofa für sich zu beanspruchen. Elsa dagegen, legt sich ganz selbstverständlich dort ab. Verhalte ich mich eindeutig, wissen Hunde, welche Rolle ihnen situativ (Sofa!) zusteht und es gibt keinen Streit (auch hier

Rasseübergreifend wichtig: ausreichend Schlaf

muss Elsa sich natürlich gruppenkonform verhalten (siehe Soziale Kompetenz, Seite 34), ein Wegknurren anderer Mitglieder würde von mir nicht gestattet. Haben die Hunde ihr passendes Plätzchen gefunden, fallen sie recht schnell in den Tiefschlaf. Die Muskulatur ist dabei, genau wie bei uns Menschen, entspannt, und Blutdruck und Kreislauf sinken. Das Stresshormon Cortisol ist in dieser Phase am niedrigsten, der Körper kann sich erholen und das Immunsystem wird gestärkt. Im Schlaf wird Erlerntes verarbeitet und abgespeichert, sich entspannt und dabei regeneriert.

Dazu ein Tipp aus der Praxis Geraten die Hunde in einen Streit, wäre es falsch, ihnen als Strafe eine Auszeit auf ihren Schlafplätzen anzuweisen. Besser ist es, die „Kontrahenten" noch eine Weile ohne weitere Animation nebeneinander agieren zu lassen und ihnen dann erst die Ruheplätze zuweisen. Denn so ist das negative Streiterlebnis schon dem positiven Miteinander gewichen und wird beim Ruhen entsprechend abgespeichert. Während der Ruhezeiten liegen die Hunde nie zufällig beieinander, Sympathie und Status spielen dabei eine große Rolle. Interessanterweise liegen nach einem Streit die Kontrahenten oft friedlich nebeneinander. Folglich sind die gemeinsamen Ruhe- und Schlafphasen, genauso wie die gemeinsamen Aktivitäten, ein gruppenbindendes Element.

SCHLAFMANGEL

Während des Schlafes sinkt das körpereigene Hormon Cortisol. Es ist an vielen Stoffwechselvorgängen beteiligt und wird bei Stress vermehrt freigesetzt. Hunde mit Schlafmangel haben einen hohen Cortisol-Spiegel und verspüren deshalb einen ständigen Bewegungsdrang. Schlaflose Hunde sind gestresste Hunde, gekennzeichnet durch einen gesteigerten Antrieb sowie Aktionismus und körperliche Unruhe.

☞ PRAXIS ALLTAG

GRUNDBEDÜRFNIS NACH RUHE

„Jeder Hund kann schlafen lernen", einer kann es gleich, während ein anderer sich schwerer tut, Ruhe zu finden. In unseren Tagesablauf sind feste Ruhezeiten integriert. Geht es ans Schlafen, müssen Anfang und Ende dieser Phasen so nicht täglich neu diskutiert werden. Als Leitmensch bin ich dafür verantwortlich, dass jeder ausreichend Ruhe finden kann. Unsere Elsa fällt schnell in den Tiefschlaf, obwohl sie eine aktive Junghündin ist. Sie öffnet die Augen nur dann, wenn es sich wirklich lohnt. Als Welpe in unsere Familie gekommen, hat sie von klein auf gelernt, die Ruhezeiten einzuhalten. Bei uns im Haus stehen ausreichend Schlafplätze zur Verfügung, aber

Klingelt es an der Türe, können Hunde lernen weiter zu ruhen.

manchmal teilen sich zwei oder gleich mehrere Hunde einen Schlafplatz, obwohl der Platz daneben frei ist. Andere haben lieber ihre Ruhe. Ihnen biete ich Höhlen oder Boxen als Rückzugsorte an. Die freie Auswahl führt jedoch gerade bei nervösen Hunden, gern verwechselt mit aktiven Hunden, zur Überforderung. Überfordert durch die vielen Alternativen sind sie nicht mehr in der Lage, Entscheidungen zu treffen, und ihre Unruhe überträgt sich auf die anderen Gruppenmitglieder. Das Wasserhund-Mädchen Perle beispielsweise bekommt deswegen einen festen Schlafplatz von mir zugewiesen. Je nach Hund, behelfe ich mir mit einer weich ausgepolsterten Hundebox (siehe Box, Seite 75) oder Hausleine (siehe Die Hand zum Hund, Seite 84). Entspannt sich der Hund wie gewünscht, stimme ich dem kommentarlos zu, denn Ruhen ist ein normales Bedürfnis. Ein gesondertes Lob oder ein Leckerli hingegen, würden den Hund erneut aktivieren oder motivieren, weitere Verhaltensweisen anzubieten. Perle liebt ihren Schlafplatz und ich achte darauf, dass keiner der anderen Hunde ihr diesen streitig macht. Klingelt es an der Tür und kommt Besuch, ist dies weder eine Unterbrechung der Ruhephase noch der Auftakt für eine Hundeparty. Es wird weiter geruht! Ich mache da keine Ausnahmen, denn schon ein aufspringender und bellender Hund würde den Schlaf der anderen stören (siehe Goldene Regeln, Seite 123). In diesen Situationen lernen Hunde innerhalb der Gemeinschaft, aufeinander Rücksicht zu nehmen und sich in Selbstkontrolle zu üben. Sie erfahren auch, dass die menschlichen Belange Vorrang haben (siehe Goldene Regeln, Seite 123) – schließlich ist es nicht ihr Besuch, sondern meiner.

DAS RICHTIGE HUNDEBETT

Die Auswahl an Hundebetten ist riesig. Mein persönlicher Favorit, gerade bei mehreren Hunden, ist eine gut zu säubernde Kudde mit einem Rand aus Lederimitat. Der Schmutz bleibt so in der Kudde und lässt sich dort gut mit einem feuchten Lappen aufnehmen. Die meisten Hunde liegen gern weich, dafür polstere ich die Liegefläche mit einem ausgedienten Kopfkissen (mit waschbaren Bezug) und lege eventuell noch einen Kringel und ein Handtuch zum Scharren dazu.

DIE REGEL „RUHE" ETABLIEREN

- Genügend Schlafplätze bereitstellen.
- Regelmäßige Ruhezeiten im Tagesablauf festlegen.
- Trotz menschlicher Aktivität bleiben die Hunde während der Ruhephase auf ihren Plätzen (zum Beispiel, wenn Besuch kommt).
- Für nervöse oder unruhige Hunde gibt es feste Schlafplätze, gegebenenfalls unterstützen Hilfsmittel wie Hundebox oder Hausleine.

GRUPPENSPEZIFISCHE REGELN

Jede Gemeinschaft kultiviert ihre eigenen Regeln, daraus entwickeln sich gruppenspezifische Werte. Folgende Abläufe sollten für jede Gruppe individuell organisiert werden, vor allem wenn mehrere Hunde daran teilnehmen.

IM HAUS

Ruhen

- feste gemeinsame Ruhezeiten
- eventuell feste Schlafplätze
- Rückzugsmöglichkeiten (eventuell Box)

Futterzeit

- regelmäßige gemeinsame Fütterung (entweder ein-, zwei- oder dreimal am Tag)
- feste Futterplätze
- Futteraufnahme erst nach Freigabe

Tabuzonen

- für die Hunde gesperrte Bereiche
- Durchschreiten erst nach Freigabe (stoppen und warten)

UNTERWEGS

Auto

- feste Plätze (eventuell Box)
- Ausstieg erst nach Freigabe (stoppen und warten)

Walk

- Leine: kooperatives Folgen
- Verhalten beim Ableinen (Beispiel aus meiner Gruppe: aufeinander warten – der Lefzenkuss beendet den Vorgang und verbindet uns)
- Freilauf nur bei gruppenkonformem Verhalten
- Verhalten bei Gefahr (Beispiel aus meiner Gruppe: siehe Gnu-Prinzip, Seite 176)

Tabuzonen

- nicht ins Gebüsch, nicht aufs Feld
- nicht ins Wasser (stoppen und warten)

Fremdhunde

- Kontaktaufnahme erst nach Freigabe
- keine Beschädigungen

Die Hunde warten so lange im Auto, bis die Freigabe erfolgt.

Schlaf ist ein gruppenbindendes Element.

☞ 3 GOLDENE REGELN FÜR DIE MEHR-HUNDEHALTUNG

Ein Miteinander ist geprägt durch Nachgeben und Durchsetzen, durch Streiten und Vertragen, durch Finden von Lösungen und Kompromissen, das gilt auch für eine Hundegruppe. Der gegenseitige Respekt darf dabei nicht aus den Augen verloren gehen. Hunde sind hochsoziale Wesen, sie können vieles selbst untereinander regeln, der Hundehalter jedoch vermittelt über Erziehung Werte wie Geduld, Disziplin, Fairness, Höflichkeit und einiges mehr. Unsere Hunde müssen erfahren, dass sie bei uns Schutz und Hilfe finden, genauso wie Maßregelung, wenn sie übers Ziel hinausschießen und gruppenspezifische Vorgaben nicht einhalten.

Ich möchte Ihnen mit den folgenden drei Grundregeln eine Basis für ein harmonisches Zusammenleben mit Ihren Hunden ans Herz legen.

1. Erst der Mensch, dann der Hund

Die menschlichen Belange sollten immer denen des Hundes vorangestellt sein. Hunde müssen auf Menschen, ob klein oder groß, Rücksicht nehmen und ihre eigenen Interessen zurückstellen können (beispielsweise nicht in die Hand des Kleinkindes mit dem hingehaltenen Brot zu beißen). Hunde werden gern angeleitet und geführt, es ist ihnen genetisch in die Wiege gelegt. Sie erwarten vom Menschen, dass er in der Rangfolge über ihnen steht und gerade weil Hunde uns so viel bedeuten, sollten wir dies nicht einfach ignorieren (siehe Leitmensch, Seite 47).

2. Die Unversehrtheit und der Respekt vor dem Anderen

Ein harmonisches Zusammenleben ist das Gruppenziel (siehe Gruppe, Seite 11). Für einen rücksichtsvollen Umgang untereinander brauchen Hunde unsere Anleitung. Ressourcen wie Mensch, Futter, Liegeplätze und Spielzeug dürfen nicht von einem Einzelnen beschlagnahmt und „bis aufs Messer" verteidigt werden. Auch Statusfindungen und -wechsel und der Umgang mit schwächeren Mitgliedern, zum Beispiel Senioren, muss im gegenseitigen Respekt stattfinden (siehe Kommunikation, Seite 125).

3. Das Bedürfnis nach Ruhe

Schlafen und Ruhen ist ein Grundbedürfnis unserer Hunde, denn sie agieren im Trieb. Je mehr der Hund aktiviert wird, desto mehr ist er auf der Suche nach seinem Kick. Die Stärke des Triebes bestimmt den Drang, diesen zu befriedigen – ein Kreislauf, der sich nur durch Ruhe unterbrechen lässt (siehe Trieb, Seite 119). Das Ruhe-Management sollte nicht den Hunden überlassen werden, sondern muss vom Leitmenschen gesteuert werden (siehe Leitmensch, Seite 47, und Regelwerk, Seite 107).

KOMMUNI-KATION

— *Eine gut verständliche Kommunikation ist die Basis für alle soziale Interaktionen.*

STIMME UND KÖRPER

— *im Einklang*

MENSCH UND HUND

Hunde sind nicht gern allein. Es sind gesellige Tiere, sie brauchen den sozialen Kontakt zum Menschen und sie haben ein reges Interesse am Austausch mit Artgenossen.

»Ein gutes Gespräch kürzt den Weg.«

Sprichwort

Gesunde, gut sozialisierte Hunde haben in der Regel keine Kommunikationsprobleme. Beobachten wir unsere Hunde und lernen sie während ihrer Interaktionen zu verstehen, dann können wir davon vieles in unseren Umgang mit ihnen einfließen lassen. Eine verständliche Kommunikation der Gruppenmitglieder untereinander, in Absprache mit ihrem Leitmenschen, bildet die Basis für ein harmonisches soziales Miteinander. Menschen kommunizieren verbal, mittels Sprache, und Hunde über Körpersprache, so scheint es dem oberflächlichen Betrachter. Sehen wir jedoch genauer hin, dann werden Gemeinsamkeiten in der Art zu kommunizieren sichtbar. Um unseren Worten mehr Nachdruck zu geben, oder um auf etwas aufmerksam zu machen, nehmen wir Gebärden zu Hilfe. Körperhaltung und Mimik verraten dabei unseren aktuellen Gemütszustand. Hunde wiederum äußern sich neben dem körperlichen Austausch zusätzlich über Laute, wie Bellen, Jaulen und Knurren. Uns Menschen geht mit fortschreitender Technologie der selbstverständliche Umgang mit den Hunden verloren. Hunde aber, haben nie verlernt, menschliche Gesten und Mimik den Worten richtig zu zuordnen – im Gegenteil – sie sind Profis in der Manipulation ihres Menschen (siehe Wie alles begann, Seite 15). Wenn wir uns darauf besinnen, dass Hunde uns von Natur aus verstehen, dann vereinfacht das die Kommunikation zwischen Mensch und Hund augenblicklich.

DIE KONTAKTAUFNAHME

Kommunikation ist ein normaler Vorgang im sozialen Zusammenleben, dabei werden Informationen ausgetauscht. Ich gebe Informationen genauso, wie ich sie aufnehme. Eine Kontaktaufnahme erfolgt über Körper, Stimme, Augen und Nase – der Geruch, dazu kommen wir gleich noch, spielt bei Hunden eine bedeutende Rolle. Der Augenkontakt ist die Basis der Kommunikation, denn wenn ich etwas mitteilen möchte, brauche ich einen aufmerksamen Zuhörer. Je aufmerksamer mein Gegenüber, desto weniger Missverständnisse gibt es beim Austausch. Durch ein Sich-in-die-Augen-Schauen werden zusätzlich Gefühle sozialer Belohnung und Fürsorglichkeit ausgelöst. Das Bindungshormon Oxytocin steigt im Körper von Mensch und Hund während eines intensiven Blickkontaktes an. Miho Nagasawa, Forscher der Azabu University in Sagamihar, geht davon aus, dass sich eine Annäherung des Hundes an den Menschen bereits während der Domestizierung entwickelt hat (Fachmagazin Science). Der Hund bietet also bereits genetisch bedingt eine Basis, auf die ich mich als Hundehalter während des sozialen Austausches in der Erziehung stützen kann. Beobachte ich die innerartliche Kommunikation bei Hunden, stelle ich fest, dass auch optische Kriterien, wie zum Beispiel Ohrenspiel, Fell sträuben oder die Haltung der Rute, mit einfließen. Machen wir uns bewusst, dass Hunde uns genau wie ihre Artgenossen beobachten und die von uns ausgesendeten Signale auswerten. Wir sollten uns also unseres Körpers bewusst sein, uns körpersprachlich schulen und sensibilisieren, damit es nicht zu Verständigungsproblemen kommt.

Augen, Stimme und Körper sind wichtige Hilfsmittel für einen stimmigen Dialog. Ob sie stärker oder schwächer zum Einsatz kommen, sollte individuell auf den Hund und die jeweilige Situation abgestimmt werden. Der Austausch beginnt mit dem Blickkontakt. Hunde werden gern wahrgenommen, es kann sie von kleinen (oder großen) Fauxpas abhalten genauso wie zu Höchstleistungen motivieren. Umgekehrt suchen die Hunde auch unsere Augen, schauen uns fragend, fordernd, auch zornig oder ängstlich an – wir müssen nur hinschauen und es wahrnehmen. Der Blick in die Augen ermöglicht Einsicht in die Seele und damit einen echten Kommunikationsvorteil.

SONNENBRILLEN STÖREN DIE KOMMUNIKATION

Das Tragen von großen Sonnenbrillen verdeckt unsere Augen und einen großen Teil des Gesichtsfeldes. Es gibt natürlich Hunde, mit denen man sich blind versteht, aber mit mehreren Hunden, ist die Kommunikation flüssiger, wenn auf das Tragen der Sonnenbrille verzichtet wird.

Geruch entscheidet über Sympathie: Gretchen mag Rumo gern riechen.

Die Luft ist prall gefüllt mit Duftaromen.

> *»Sich gegenseitig zuhören, gemeinsam erarbeiten und erleben, das ist Kommunikation!«*
>
> *nach Sokrates*

PRAXIS ALLTAG

HUNDE BIETEN SICH UNS AN

Beispiel Unterwegs mit der Hundegruppe geht es steil bergab. Ich mache die Hunde, fünf sind im Freilauf und drei an der Leine, darauf aufmerksam, dass sie uns gefährden, wenn sie nicht aufeinander achten. Da Hunde gern mit uns zusammenarbeiten und viel trittsicherer sind als ich, bitte ich sie zusätzlich um Hilfe, gebe ihnen folglich eine Aufgabe. Es folgt ein gesitteter Abstieg: keiner drängelt, schubst oder reißt mich in den Abgrund. Im Gegenteil, der eine oder andere Hund bietet mir an, sich an ihm festzuhalten. Begleiten mich Hundehalter auf meine Touren, haben sie an diesem Wegstück immer Sorge, die Kontrolle zu verlieren und sind jedes Mal überrascht, dass durch eine klare Kommunikation genau das Gegenteil passiert und sich Hunde wie beschrieben anbieten – Hunde verstehen uns (bitte probieren Sie es aus).

HUNDE SIND NASENTIERE

Der Mensch ist visuell orientiert, der Hund dagegen olfaktorisch (Riechwahrnehmung). Für Hunde ist die Luft prall gefüllt mit einer Vielfalt von Duftaromen und so erleben sie ihre Umwelt über Gerüche. Diese werden über Riechfelder aufgenommen, ziehen an den Nasenschleimhäuten vorbei, werden im Hundegehirn ausgewertet und zum Ergebnis geformt – kurzum: Hunde sehen in Riechbildern. Steht man in einer Menschengruppe und einer schaut intensiv in eine Richtung, dann schauen auch die Umstehenden in diese Richtung. Keiner möchte ein Ereignis verpassen. Genauso verhält es sich mit mehreren Hunden. Riecht einer besonders intensiv an einer Stelle, kommen die anderen hinzu, um ja kein Riechbild zu verpassen.

Soviel Zeit muss sein: Hier werden wichtige Informationen gesammelt.

Wir wohnen in einem Ballungsgebiet, viele Hunde sind vor uns durch den Wald gezogen. Über die Schweißdrüsen an ihren Sohlen- und Zehenballen haben sie Duftstoffe hinterlassen. Manche Hunde reiben diesen Geruch nach dem Markieren über das Scharren fest in die Erde ein. Das sind äußerst spannende Informationen für meine Hunde. Auch der hinterlassene Kot enthält viele Informationen, zum Beispiel, ob es sich um den netten Pudel vom Nachbarn gehandelt hat und auch wann und in welche Richtung er weitergezo gen ist. Im Sprachgebrauch sagt man: „Die Hunde lesen Zeitung“ und genauso verhält es sich. Hunde sind soziale Wesen, sie sind daran interessiert, wer sich in ihrem Terrain aufhält. Der verbleibende Geruch und die Weise wie markiert wurde, ist eine Art Typbeschreibung, ein hinterlassener Steckbrief. Und so wie wir Menschen die Köpfe über einer Zeitung zusammenstecken, um einen Artikel gemeinsam zu lesen, so stecken auch Hunde über einer interessanten Duftspur die Köpfe zusammen und erschnuppern die neuesten Infos.

Wichtig: Riechen ist ein Grundbedürfnis, allein deswegen ist der Gang mit den Hunden durch die Natur so wichtig. Der Leitmensch sollte sich Zeit dafür nehmen.

Meine Hunde zeigen mir stark frequentierte Stellen, dort „entschleunigen“ wir uns und machen Pause, denn jetzt wird eifrig „ gelesen“. Über die natürlichen Riecherlebnisse werden Gemeinsamkeiten entdeckt und die Gruppe wächst ein Stück mehr zusammen.

HINTEN IST ALLES IN ORDNUNG

Das Nasentier Hund sieht, wie eben beschrieben, in Riechbildern. Kommt ein neuer Hund in die Gruppe (siehe Räume, Seite 177), ist die Optik zweitrangig, zunächst machen sich die Hunde ein (Riech-)Bild vom Neuankömmling. Dafür müssen sie nicht in den direkten Kontakt gehen, sie strecken ihre Nase nach oben, um die Düfte des Gegenübers aufzunehmen. Ich beobachte in meiner Gruppe, dass der ranghohe und altersweise Rüde Macano beim sozialen Erstkontakt Vorrang hat. Wer sich vordrängelt, bekommt eine deutliche Verwarnung, denn es ist sein Vorrecht, den Neuen als Erster zu überprüfen. Macano strukturiert so die Begrüßungszeremonie, die anderen Hunde nutzen seine Erfahrung und folgen seinem Verhalten. Um sich über den Geruch noch intensiver zu erfahren, gehen die Hunde aneinander vorbei, um jeweils das Körperende des anderen zu kontrollieren. Kurzer Check des Genitalbereiches, ist es eine Rüde oder eine Hündin? Die Geschlechtsauswertung bietet wichtige Informationen für das weitere Vorgehen bei der Begrüßung und wird auch bei kastrierten Tieren sicher erkannt. Es werden Ohren und Fang beschnüffelt, aber wichtiger und entscheidender ist die Afterkontrolle, denn hier liegen unter anderem die Analdrüsen, die den prägnanten Individualgeruch verströmen.

Beim Auswerten des Duftbildes fließen natürlich auch optische Signale mit ein. Präsentiert sich der neue Hund mit hoch erhobener Rute, wedelt er selbstbewusst seinen Geruch in die Luft. Solange er nicht übertreibt, wird er schnell akzeptiert. Klemmt er dagegen die Rute zwischen die Beine und macht sich klein, möchte er sich am liebsten unsichtbar machen (siehe Von Kopf bis Rute, Seite 133). Sozial unsichere Hunde haben einen schweren Stand in Hundegruppen, sie brauchen für den Aufbau des Selbstbewusstseins und für eine Akzeptanz durch die Gruppenmitglieder die Unterstützung des Gruppenleiters.

Geschlechtsauswertung: Junge oder Mädchen, kastriert oder intakt?

Amy ist neu in der Gruppe. Einer nach dem anderen wird in Ruhe überprüft.

Gestaltet man den ersten sozialen Kontakt, sollten alle ausreichend Zeit haben, sich zu beriechen, ohne direkt in wilde Aktionen abzudriften. Es können erste gruppenbindende Elemente und wertvolle Informationen, die über das reine Duftbild hinausgehen, ausgetauscht werden, zum Beispiel über den Status des Hundes. Schauen wir auf Macano und machen es ihm gleich. Erklären wir den Neuen zu „unserem Vorrecht" (siehe Leine, Seite 79) und nehmen Einfluss auf den Begrüßungsablauf, so demonstrieren wir für alle unmissverständlich, dass wir in der Leitmensch-Position richtig sind. Es erleichtert dem Neuankömmling den Einstieg in die Gruppe und sorgt für eine entspannte Atmosphäre beim Kennenlernen.

VON KOPF BIS RUTE

Kopf-, und Rutenhaltung, sogar das Fell, geben Auskunft über die Stimmungslage unserer Hunde:

KOPF

— **Wegdrehen** – Beschwichtigung, Höflichkeitsgeste

— **Halten, Vorstrecken bis Erstarren** – Spielaufforderung bis Aggression, freundlich bis unfreundlich kann ins Aggressive kippen. (Anmerkung: Jagd- beziehungsweise Hüte-Absichten unter sich nicht bekannten Hunden sind nicht als Spiel zu bewerten).

RUTE

— **starr aufgerichtet (evtl. zittert Rutenende leicht)** – große Anspannung

— **schräg nach oben wedeln** – aufgeschlossen, selbstbewusst seinen Duft verwedeln

— **langsames Wedeln** – Hund gibt sich neutral freundlich und aufgeschlossen

— **schnelles hohes Wedeln** – großes Interesse am Artgenossen, zum Beispiel, wenn eine Hündin entgegenkommt

— **Rute leicht nach unten** – Hund ist unsicher aber nicht ängstlich

— **Rute bis unter den Bauch geklemmt** – Angst oder Panik

FELL

— **glatt** – neutral

— **zur Bürste aufgerichtet** – Hund ist unsicher, angespannt bis aggressiv (auch Unwohlsein, Kälte)

IM LAUTAUSTAUSCH

Es gibt, genau wie bei uns Menschen, erzählfreudigere Hunde und eher die wortkargen Typen. Jeder hat eine ganz eigene und individuelle Klangfarbe. Die Laute jedoch werden situativ vergleichbar eingesetzt, denn egal welcher Hund, es lässt sich gut unterscheiden, ob derjenige in Not ist oder einfach nur redselig. Es lässt sich heraushören, ob er fiept, weil er in ein Erdloch gefallen ist und nun unsere Hilfe braucht, oder ob er heult, weil er das Geigenspiel der Nachbarin kommentiert. Die Laute unserer Hunde sind nuancenreich und beschreiben ihre Gefühlslage. Sie klingen bei einem freundlichen Hund während der Revierverteidigung oder Beutesicherung anders, als bei einem aggressivem oder unsicherem Hund. Und Bellen ist nicht einfach nur Bellen, es gibt auch das Wuffen, ein unterdrücktes Bellen bei geschlossener Schnauze (bei Gefahr oder ärgerlicher Erregung). Nehmen wir dabei die jeweilige Situation und den gesamten Hund wahr, also seine Körperspannung, Mimik und die unterschiedlichen

Töne, können wir lernen, die Laute genau zu differenzieren. „Bellen", so Dorit Feddersen-Petersen (2011), „ist ein differenziertes Lautäußerungssystem und eine Anpassung des Hundes an die ökologische Nische Hausstand". Während der Domestikationsphase haben Hunde gelernt, mit uns zu „sprechen": Sie beschweren sich, quengeln, bitten, freuen sich, sind traurig oder gar verzweifelt – für all das nutzen sie ihre Laute kombiniert mit Körpersprache und erzählen es uns. Der eine braucht viele Laute, der andere weniger. Es ist genetisch festgelegt, dass Hunde uns Menschen verstehen können. Lernen sie während ihrer Präge- und Sozialisationsphase unsere Laute bestimmten Dingen, Handlungen oder Situation zuzuordnen, verfügen sie über einen großen menschlichen Sprachschatz. Sie kombinieren dabei unsere Worte (für sie sind es Laute) zu Klängen. Dazu kommt ihre Beobachtungsgabe, die wir nicht unterschätzen sollten. Sie registrieren jede Veränderung unserer Mimik oder Haltung, so auch, ob wir etwas durchsetzen wollen, oder ob wir es nicht ganz so ernst meinen.

FEHLENDE PRÄGUNG

Für eine gelungene Sozialisation eines Welpen ist zwischen der 3.–12. Lebenswoche neben dem Kontakt zu seinen Artgenossen, die Prägung auf den Menschen wichtig. Der Welpe sollte häusliches und städtisches Umfeld mit all seinen Reizen erfahren dürfen, nur so kann er sich später angstfrei in der Umwelt bewegen. Übernimmt man einen Hund aus dem Tierschutz, fehlt manchmal diese Prägung. Diese Hunde müssen erst lernen, dem Menschen zu vertrauen und schließen sich meist nur einer Bezugsperson an. Zu „normalen" Haushunden entwickeln sie sich nicht, aber mit viel Geduld findet man Wege sich zu arrangieren. Hunde, die in ihrer Prägephase im ländlichen Umfeld groß geworden sind, sollten bitte nicht, auch wenn der Wunsch zu helfen groß ist, in eine Großstadt verpflanzt werden, denn es käme einem Kulturschock gleich. Für den Hund bedeutet es nicht Rettung, sondern Stress und lebenslanges Heimweh nach dem Landschaftsbild, in dem er aufgewachsen ist.

MENSCHLICHE LAUTGEBUNG

In einer gegenseitig verständlichen Kommunikation mit unseren Hunden sind Laute nicht wegzudenken. Mein Tipp: Einfach mal bewusst auf die eigene Stimme achten. Ist man eher der laute und hektische Typ, sollte man lernen, sich zu reduzieren und Worte sparsamer und gezielter einzusetzen. Ist man eher der leise Typ, kann man über Stimmtraining eine tragfähige und resonanzreiche Stimmlage finden.

KOPF- UND BRUSTSTIMME

Kopfstimme – sie erzeugt hohe, animierende Töne, mit denen man Überzeugungsarbeit leisten kann.
Bruststimme – sie erzeugt tiefe Töne, findet beispielsweise Anwendung beim Abbruch.

Kopf und Bruststimme werden folgendermaßen kombiniert:

- Langgezogene Vokale und Singsang wirken beruhigend, besänftigend.
- Kurze und abgehackte Laute wirken anregend, motivierend, dabei energisch.
- Leise Laute für den Nahbereich. Auch zur Besänftigung, Beruhigung und Lob.
- Laute Laute für die Entfernung. Auch im Nahbereich kann sich der Hund mental weit entfernen, entsprechendes Volumen sollte die Stimme bekommen, um den Hund zu erreichen.
- Freudige Laute wie Jubeln sind anfeuernd und wirken anregend, motivierend. Freude ist ansteckend.

VERSCHIEDENE LAUTE UND IHRE ANWENDUNG

- Zisch-, Schnalz-, Schmatzlaute werden als situative Impulse für Aufmerksamkeit verwendet.
- Das Pfeifen setzt einen Impuls für Aufmerksamkeit: leise im Nahbereich, laut auf Entfernung. Manche Hunde lernen Pfiffe zu unterscheiden, zum Beispiel richtungsweisende, stoppende oder zur Rückkehr auffordernde Pfiffe.

Im Gespräch

— Auch Lachen und Weinen sind Laute, auf die Hunde reagieren. Freude überträgt sich und Trauer irritiert, Hunde reagieren auf unsere Gefühle (Empathie).

☞ PRAXIS ALLTAG

BEISPIELE FÜR EINE VERSTÄNDLICHE KOMMUNIKATION

Beschwerde

— **Verbal beschweren** (tiefe Stimmlage, Brust- bzw. Bauchstimme, kurz gesprochen zum Beispiel „Lass das!“)
— **Drohgebärde** (zum Beispiel groß und breit machen, Körperschwerpunkt nach vorn verlagern, entsprechende Gesichtsmimik)
— **Berührung** (Impuls mit Fanghand an Hals, Schulter oder Oberschenkel)

Anerkennung

— **Lob verbal ausdrücken** (hohe Stimmlage, Kopfstimme, lang gezogen zum Beispiel „Suuuuper!“)
— **Zustimmende Gebärden** (zum Beispiel Kopf nicken, Klatschen, Daumen hoch, entsprechende Gesichtsmimik)
— **Berührung** (zum Beispiel Lefzenkuss, streicheln, abklopfen)

BEISPIELE FÜR INDIVIDUELLE KOMMUNIKATION

Bin ich mir meiner Laute bewusst, kann ich sie ganz einsetzen. Jeder Hund reagiert anders auf Ansprache, also sollte ich mich in der Kommunikation entsprechend variabel zeigen und meine Laute an den jeweiligen Hund und die Situation anpassen. Dann gelingt es auch zwei unterschiedliche Hunde wie „Emma 1" und „Emma 2" zu motivieren, ohne dass der eine hyperventiliert und der andere zurück in die Kissen fällt:

Beispiele

Der dickfellige, sparsam aktive Hund: „Emma 1" ist eine gemütliche Golden-Retriever-Hündin. Sie braucht eine deutliche und laute, aber freundlich bleibende Aufmunterung zum Walk. Meine Aufforderung, muss so gestaltet sein, dass sie „Emma 1" animiert und aktiviert. Es muss für sie unmissverständlich erkenntlich werden: Es geht *jetzt* los! Hört sie Bedenken, gar leise Zweifel in meiner Aufforderung, macht sie die Augen zu und schläft weiter.

Der hyperaktive Hund: „Emma 2", ein Jagdhund-Mix, ist eine extrem motivierte Hündin. Erhebe ich mich vom Stuhl, springt sie auf und ist schon dreimal geräuschvoll zur Tür und wieder zurück gerannt. Meine Aufmunterung zum Walk muss also mit einer Begrenzung beginnen: „Warten". „Emma 2" soll sich bitte in Geduld üben und das muss ich deutlich, geduldig und konsequent durchsetzen. Es muss für sie unmissverständlich erkenntlich werden: „Warten, bis es los geht!" Hört sie Bedenken, gar leise Zweifel in meiner Aufforderung, würde sie mich ignorieren und meine Bitte überrennen.

Noch ein Tipp: Geben Sie den Namen unterschiedliche Klangfarben. Eine „Emma 1" hat bei mir eine höhere Stimmlage, der Name wird kurz hoch und anfeuernd gerufen. Für „Emma 2" wähle ich eine weiche Stimmfarbe und halte das „m" langgezogen. Die Hunde kennen ihre Schwächen und Fehler. „Emma 1" weiß, dass sie nicht in Kombination mit „warten" steht. „Emma 2" dagegen weiß sehr genau, dass das Wort „warten" ihr zugeordnet ist.

01

02

03

04

05

01 Das kreisende, vorsichtige Kneten der Ohren genießt jeder Hund. Es entspannt und beruhigt.

02 Lefzenkuss: Geste der Zugehörigkeit. Dabei streicht man sanft an der Schnauze entlang.

03 Grooming: Vorsichtiges Knibbeln der Haut mit den Fingern, daraus entsteht oft ein zärtliches Spiel.

04 Pflegezärtlichkeit: Erziehende Geste für Vertrauen. Jeder Hund sollte sich säubern lassen.

05 Kopf an Kopf ist eine Geste des Vertrauens. Der Hund darf dabei nicht mit zu viel Nähe überfrachtet werden.

AUSTAUSCH VON ZÄRTLICHKEITEN

Hunde setzen in der innerartlichen und auch in der Kommunikation mit dem Menschen zusätzlich Nase, Schnauze und Fang ein. Für den Welpen ist das Suchen der Zitzen, indem er seine Nase von unten nach oben suchend über den Bauch der Mutter schiebt, noch lebenserhaltend – ein instinktiv ausgeführter Bettelreflex. Mein 7-jähriger Galgo-Español-Mix Herr Rossi signalisiert damit seine Ungeduld, wenn ich seiner Meinung nach zu lange für die Futterzubereitung brauche. Der sonst so auf Distanz bedachte Hund handelt ebenfalls instinktiv, indem er distanzlos mit der Schnauze kräftig gegen mein Bein tippt. Bei einem ohnehin schon distanzlosen Hund würde ich dieses Verhalten nicht tolerieren. Herr Rossi aber hat große Schwierigkeiten menschliche Nähe zuzulassen. Ich kann die direkte Kontaktaufnahme nutzen und mit einem Lefzenkuss antworten. Das Berühren und Stupsen seitlich an der Schnauze, ist eine Geste des Vertrauens, die auch Hunde untereinander nutzen. Auch Schnauzenzärtlichkeiten sind Vertrauensgesten, wenn die Hunde sich liebevoll und sanft über den Fang beißen, manchmal sogar den ganzen Kopf ins Maul nehmen. Das setzt beispielsweise mein Gast Boomer ein, um die Aufmerksamkeit seines Menschen zu bekommen. Während ich mit seiner Halterin einen kleinen Plausch an der Tür halte, schiebt er seine Nase zwischen ihre Beine, sodass seine Schnauze, ähnlich der hündischen Schnauzenzärtlichkeit, ganz umschlossen ist. Die Reaktion lässt nicht lange auf sich warten: Boomer erhält Aufmerksamkeit und Streicheleinheiten – das funktioniert immer, Hunde wissen das. Andere Hunde schieben als Aufforderung zum Austausch von Zärtlichkeit, ihren Kopf unter unsere Hand, auch das kennt jeder Hundehalter. Und sicher hat schon jeder die Bekanntschaft mit einer feuchten Hundezunge gemacht. Bleiben wir bei Boomer, er schleckt einem gern voller Inbrunst durchs Gesicht, vorzugsweise im Bereich der Mundwinkel. Gebärden wie Lecken am Gesicht, gern an den Mundwinkeln oder ersatzweise an unseren Händen (Fang-Ersatz), sanftes Stoßen mit der Schnauze, zartes Knibbeln, auch

01

02

„grooming" genannt, sind Unterwürfigkeitsgesten, die auch im Austausch der Hunde untereinander so ablaufen. Der Austauschpartner duldet den zärtlichen Übergriff, wendet dann aber abwehrend den Kopf ab. Zärtlichkeit abzuwehren ist ein normales Verhalten unter Hunden und wenden wir den Kopf ab, um dem zärtlichen Ansturm zu entgehen, wird das unseren Hund nicht enttäuschen oder gar traurig machen. Im Gegenteil, es bestätigt Ihrem Hund, dass Sie richtig agieren in ihrer Rolle als Leitmensch, denn Hunde erwarten Reglementierung – auch beim Austausch von Zärtlichkeit.

☞ PRAXIS ALLTAG

BEGRÜSSUNGSRITUALE

Hunde möchten als individuelle Persönlichkeiten wahrgenommen und entsprechend begrüßt werden. Als Tagesgast Hündin Lanka neu in die Gruppe kam, testete sie beim morgendlichen Begrüßungsritual meine Reaktion auf ihr immer intensiver werdendes „grooming" aus. Erst begrüßte sie mich mit unterwürfigem Lecken, wechselte dann zum zarten Knibbeln, um sich anschließend im Kneifen auszuprobieren. Das konnte ich nicht dulden, es war schmerzhaft und alles andere als zärtlich. Körperliche Kommunikation läuft nicht regellos ab: Keine Beschädigungen im Miteinander (siehe Regeln, Seite 123). Nach meiner verbalen Beschwerde – einem kräftigen „Autsch!" – leitete ich den Abbruch ein, indem ich mit der Hand (siehe unten, Unsere Hand wird zum Fang) an Lankas Oberschenkel tippte. Lanka ist eine noch sehr ursprüngliche agierende Thai-Hündin, weit entfernt vom klassisch gehorsamen Hund, aber sie versteht jedes Wort, egal ob verbal oder körperlich und so hat sie sofort begriffen, dass sie bei ihrer Kontaktsuche überzogen hat.

UNSERE HAND WIRD ZUM FANG

Hunde greifen mit ihrem Fang, halten fest, knibbeln, stupsen, lecken und vieles mehr. All das machen wir mit unseren Händen und statt Lecken, streicheln wir. Sogar Nahrung nehmen wir erst mit den Händen auf, um sie zum Mund zu befördern. Hunde sehen unsere Hände folglich als eine Art Schnauzenersatz.
Formen wir mit unseren Fingern ein C, können wir den Fang des Hundes simulieren. Über die „Fang-Hand" können wir uns verständlicher in die Kommunikation mit den Hunden einbringen:

— **Lefzenkuss** – verbindende Geste zur Bestätigung und für das Zugehörigkeitsgefühl. Seitliches Streichen am oder Stupsen gegen den Mundwinkel des Hundes.

03

- **Korrektur** – erziehende und damit verbindende Geste für den Abbruch und um Aufmerksamkeit zu erhalten. Die „Fang-Hand" tippt zu Korrekturzwecken seitlich gegen Hals, Schulter oder Oberschenkel.
- **Säubern** – erziehende, vertraute und verbindende Geste zur Pflegezärtlichkeit. Die Hand „schaut" in die Ohren und knetet sie langsam und kreisförmig. Streicht sanft um die Augen, die Stirn hoch, seitlich wieder runter an den Mundwinkeln entlang.
- **Schnauzenzärtlichkeit** – vertraute Geste im Austausch von Zärtlichkeiten. Sanft um den Fang des Hundes fassen, darauf kann auch eine Spielaufforderung folgen.
- **Maulfechten** – Spiel folgt auf Schnauzenzärtlichkeit. Die Hand versucht den Fang des Hundes zu greifen, während wiederum der Hund versucht die Hand zu greifen.
- **Grooming** – vertraute und verbindende Geste im Austausch von Zärtlichkeit. Sanftes Knibbeln mit den Fingern. Oft knibbelt der Hund zurück. Achtung! Hier werden gern Grenzen ausgetestet.

Wichtig: Bis auf das Maulfechten und das Grooming sind alle Einsätze mit der „Fang-Hand" nur von kurzer Dauer. Aber auch dabei sollte der Hund keinesfalls überfrachtet werden. Zeigt er Desinteresse oder wendet sich ab, sollte er in Ruhe gelassen werden.

04

01 Aufforderung zum Maulfechten: Meine Hand formt ein C. Sie versucht Wolfis Fang zu greifen. Er wiederum, soll auf meine Hand reagieren.

02 Wolfi steigt ins Spiel ein und wehrt meine Hand erfolgreich ab.

03 Ich habe aber zwei Hände und präsentiere sie jetzt offensiv. Wolfi weicht zurück.

04 Um ihn im Spiel zu halten, nehme ich mich etwas zurück. Spielerisch erfahren wir, wie wir uns im Miteinander körperlich einbringen können, ohne den anderen zu überfordern.

Ganzkörperlich im Einsatz

BANDE KNÜPFEN, BANDE VERTIEFEN

Ins Miteinander fließen Verhaltensweisen aus dem Paarungsverhalten ein, so zum Beispiel mit der Nase ins Fell zu bohren. Diese Art der Kontaktaufnahme spielt sich an Kopf, Lefzen und Ohren, am Hals und an der Schulterregion ab. Die Reaktionen des Gegenübers werden getestet und aus den anfangs noch zärtlichen Gesten wird bei entsprechender Reaktion, ein aufforderndes kräftiges Nasen-Tippen zur Spielaufforderung. Kopf und Halsregion scheinen sich für einen Austausch jeder Art besonders zu eignen, denn genau hier „parfümieren" sich Hunde auch. Sie haben sicherlich schon beobachten können, dass Hunde den Kopf seitlich nach unten führen, und dann – ohne Rücksicht auf das neue Halsband – Kopf und Hals in einer undefinierbaren, stinkenden Masse reiben.
Die gleiche Motivation lässt Hunde seitlich mit Kopf und Halsseite um unsere Beine streichen und sich daran reiben. Manche tun dies so exzessiv, als wollten sie sich an uns abtrocknen. Wie der Geruch beim Wälzen im Aas, so wird jetzt unser Geruch ins Fell gerieben und so ein olfaktorisches Band geknüpft. Zu beachten ist hierbei, dass gleichzeitig Besitzansprüche signalisiert werden, es sollte also nur in Maßen toleriert werden. Beobachte ich die Hunde untereinander, kann ich feststellen, dass Macano dieses Verhalten von Wolfi nicht duldet, Elsa darf sich an ihm reiben, solange sie es nicht übertreibt.

Aber bleiben wir beim Fell. Die gegenseitige Pflege eignet sich hervorragend, um geknüpfte Bande zu vertiefen, denn der intime Austausch ist nur akzeptierten Freunden erlaubt. Dabei lassen sich die Hunde von ihrem felligen Beziehungspartner Ohren, Augen, Lefzen und das Fell sauber lecken. Wolfi übernimmt hier in der Gruppe diese, ich nenne es mal „Papa-Funktion". Einige Gäste fordern seine fürsorgliche Pflege regelrecht ein und er kann sich nur über einen Abbruch „retten". Bei Elsa verhält es sich umgekehrt, Wolfi würde sie gern ausgiebig umsorgen, aber Elsa bestimmt den Zeitpunkt und die Dauer. So positionieren sich Hunde auch bei der Pflege. Schaue ich mir die Fellpflege bei den Hunden ab, bestimme Zeitpunkt und Dauer, dann nutze ich sie als gruppenbindende Maßnahme (alle werden mit einbezogen, ganz gleich ob kurzhaarig oder langhaarig) und zur Festigung meiner Position als Leitmensch (siehe Leitmensch, Seite 47).

DIE PFOTEN

„Du redest wieder mit Händen und Füßen“ sagte meine Oma immer zu mir, wenn ich ihr etwas besonders eindringlich und anschaulich erklären wollte. Auch Hunde können mit Händen und Füßen reden – sie setzen dafür ihre Pfoten ein. Das sachte bis plumpe Antippen mit der Pfote dient dem Austausch von Zärtlichkeiten. Es ist immer ein wenig distanzlos zu bewerten und auch hier ist es wieder der Kopf-Hals-Bereich, der bepfötelt wird. In meiner Gruppe zeigen dieses Verhalten besonders die Weimaraner, Vizlas und Deutsch Kurzhaar. Dem Menschen gegenüber wird das „Pföteln“ genutzt, um Streicheleinheiten zu erbetteln, oder zur Beschwichtigung. Legt der Hund beispielsweise die Pfote auf unseren Schoß, nachdem er die Topfpflanzen entwurzelt hat, ist das eine Beschwichtigungsgeste, die wir gern als schlechtes Gewissen deuten. Das Resultat ist das gleiche, denn wer kann bei so einer netten Geste noch länger „böse“ sein?
Bei der Begrüßung nutzen Hunde das Pföteln als prophylaktische Beschwichtigung und beim Spiel findet es zärtlich, wüst oder attackierend Verwendung. Hier sollte der Leitmensch darauf achten, dass die Krallen regelmäßig gekürzt und so nicht beschädigend zum Einsatz gebracht werden.
Hunde machen die wenigsten Dinge unabsichtlich, das sollte uns mittlerweile klar sein. Auch dann nicht, wenn ein Gruppenmitglied oder gar der Leitmensch angerempelt oder umgestoßen wird. Es wird Standfestigkeit und Bodenhaftung nach dem Motto: „Kann man auf den zählen?“ überprüft, und es dient dem instinktiven Aufdecken von Schwachstellen. Schauen Sie genau hin, oft sind es die ohnehin schon geschädigten Strukturen des Gegenübers, die angerempelt werden. So musste mein Dreibein Rossi den anderen erst beweisen, dass er auch dreibeinig gut geerdet ist. In dieser Phase musste ich ein waches Auge auf die Hunde haben, die das allzu ambitioniert überprüfen wollten. In einer Hundegruppe ist es also elementar wichtig, mit den Füßen gut und sicher auf der Erde zu stehen. Übrigens ist das auch ein Grund in der Gesellschaft mehrerer Hunde, gutes und festes Schuhwerk zu verwenden.

UNSERE HAND WIRD ZUR PFOTE

Pföteln – Die Hand wird locker gehalten, die Handfläche weist nach unten und ist leicht gewölbt.

— **Zur Animation:** Beispielsweise Spiel- oder Aktionsaufforderung: am Schulterblatt anstupsen oder direkt vor dem Hunde auf den Boden tippen.
— **Im wilden Spiel:** Die Hand schubst und knufft in ganzkörperlicher Kombination.
— **Beschwichtigung:** Bewegung von oben nach unten ausführen, so als würde man ein Loch in die Luft scharren. Die Handfläche zeigt in Richtung Boden. Erst nach dieser beschwichtigenden Geste, wird die Hand gedreht und zum Handzug (siehe Ein sicherer Auftritt, Seite 152), um die Bewegungsrichtung anzuzeigen. Diese Geste lässt sich prima einsetzen, wenn der Hund sich dem Menschen gegenüber skeptisch verhält, in seinem Meideverhalten verharrt und sich nicht so recht traut, näherzukommen. Ist man vertrauter miteinander, finden Berührungen als erstes im Kopfbereich statt.

Beim Austausch spielen die Pfoten eine große Rolle.

01

02

SPIELERISCH VERBUNDEN

Junghunde sollten gleichermaßen mit gleichaltrigen, jüngeren und älteren Tieren Erfahrungen sammeln dürfen. So können sie erfahren, wie weit ihre körperlichen Fähigkeiten reichen, wem Respekt gezollt werden sollte, mit wem sie sich messen können oder wem sie lieber aus dem Weg gehen. Und wie geht das besser als im Spiel? Im gemeinsamen Spiel erfahren die Hunde, was weh tut und was der Spielpartner fühlt. Sie trainieren Kraft, Geschicklichkeit und Schnelligkeit, gleichzeitig lernen sie, sich selbst und den Gegner einzuschätzen. Auch unter guten Freunden kann daraus ein handfester Streit entstehen. Bevor der Streit eskaliert, erinnern hundetypische Drohgesten an die Benimmregeln (siehe Regelwerk, Seite 107). Aggressionen sind völlig normal, sie gehören unter Hunden genauso zum sozialen Austausch wie bei uns Zweibeinern. Umso notwendiger ist zum einen das Vermitteln und Erlernen von Abbruchsignalen und zum anderen das Beschwichtigen des Gegenübers: „Entschuldigung, war nicht so gemeint!"

»Spiel ist eine aktive Form des Lernens.«

Irenäus Eibl-Eibesfeldt, Verhaltensforscher

Das Spiel mit Artgenossen ist durch nichts zu ersetzen, die eigene Kraft entdecken und sich ausprobieren, dabei die Überlegenheit der Elterntiere, aber auch die Unterlegenheit anderer Gruppenmitglieder erfahren. Gewinner und Verlierer wechseln sich ab, und manchmal staunt der Beobachter, denn einige Hunde sind ganz erpicht darauf, den besten „Verlierer" abzugeben. Unsere Hunde erleben Erfolge genauso wie Misserfolge und entwickeln Strategien, diese auszuhalten und zu verarbeiten. Betrachten wir diese aus Sicht des Hundes und entschlüsseln das Ausdrucksverhalten in den jeweiligen Situationen, dann können wir uns auf Augenhöhe mit ihnen austauschen.

Beispiel Der an Stärke überlegene Wolfi und die zarte Elsa zergeln an einem Stock. Es ist zu erkennen, dass Wolfi die Beute immer wieder hinhält und Elsa so im Spiel hält. Meine Beobachtungen nutze ich und setze sie um, wenn ich ein Beutespiel initiiere – ich verhalte mich dabei wie Wolfi mit Elsa, ich lerne darüber das Interesse der Hunde zu halten und die Beute gleichzeitig zu sichern. Bringt man sich körpersprachlich ein, werden artübergreifend Barrieren überwunden und über das gemeinsame Spiel entwickelt sich Zusammengehörigkeit (Studie Stuart Brown 2008). Es entsteht kein klassischer Gehorsam, sondern eine tiefe Akzeptanz. An problematischen Hunden, wie zum Beispiel Galgo Español Macano, der in seiner Sozialisationsphase nicht auf den Menschen geprägt wurde, lässt es sich gut erklären: Wir

03

04

01 – 02 Im Spiel erfahren Junghunde, wie sie sich körperlich einbringen können.

03 – 04 Haben Hunde gelernt mit ihren Kräften umzugehen, können sie auch mit körperlich unterlegenen Hunden spielen.

haben gemeinsam Spielmechanismen entdeckt, die uns zusammengebracht haben. Werfe ich eine Beute (Stofftier, Lappen etc.) hoch in die Luft, dann starten wir gleichzeitig und versuchen die Beute jeweils als Erster aufzunehmen. Ich muss auf meinen Körpereinsatz achten, denn bin ich zu wild, verliert Macano das Interesse an der Beute, bin ich zu destruktiv, nimmt er mich als Spielpartner nicht ernst. Die freiwerdende Energie ist ansteckend und meist wird daraus ein Meutespiel (siehe Spielerisch verbunden, Seite 142). Jetzt bringe ich mich über meine Stimme ins Spiel ein und steuere darüber den Spielverlauf. Das gemeinsame Spiel nahm Macano die Scheu vor gemeinsamer Aktivität, körperlicher Nähe und direkter Ansprache. Macano ist und wird nie ein „gehorsamer" Hund. Aber er akzeptiert mich und ist mit mir, sowie ich mit ihm, tief verbunden. Wir können uns aufeinander verlassen.

VORSICHT, MOBBING!

Bietet sich einer oder auch mehrere Hunde einer festen Gruppe (Hunde und Halter haben eine Erwartungssicherheit) gut gelaunt als „Opfer" an, ist das bitte nicht mit Mobbing zu verwechseln. Gerade Kampfspiele, an denen mehrere Hunde beteiligt sind, ähneln schnell Mobbingsituationen. Sie laufen laut und gewaltig ab, aber ohne, dass negativ aggressive Verhaltensweisen gezeigt werden. Gefährlich werden solche Situationen eher dort, wo unbekannte Hunde aufeinander treffen und sich situativ zur „Jagd" auf einen Hund zusammenschließen, aber natürlich auch in Hundegruppen ohne ausreichende Führung durch den Leitmenschen. In der Gruppenhaltung sind oft die leiseren Töne entscheidend. Hunde können, genauso wie Menschen, ihr Opfer schikanieren und es anschließend isolieren. Mobbing-Opfer leiden still und ziehen sich zurück. Sie verlieren an Selbstbewusstsein und beginnen, die Gruppe zunehmend zu meiden. Lebt man mit mehreren Hunden zusammen, muss man deshalb unbedingt darauf achten, dass der „Mobber" reglementiert und der „Meider" integriert wird (siehe Mobbing, Seite 143).

01 *Rennspiel*

02 *Begrenzen: erste Statusklärung*

05 *Klärung der Regeln über zärtlichen Austausch: …*

06 *… pföteln und knabbern*

SPIELESAMMLUNG

Grundsätzlich ist alles erlaubt, was Spaß macht und die Gruppe weiter bringt, dazu gehört auch die Klärung von Statusfragen. Auch im Spiel sollten wir uns in die Hunde hineinversetzen, denn es ist hilfreich, zu wissen, was die einzelnen Spielsequenzen bedeuten, so zum Beispiel, dass einer der Hunde „Beute" oder „Opfer" spielt. Es geht Hunden nicht darum, zu gewinnen oder zu verlieren, sie probieren sich aus und schauen, wie weit sie gehen können und ob sie oder ihr Gegenüber an der richtigen Position in der Gruppe steht. Es ist Aufgabe des Leitmenschen, das Spiel zu steuern. Er steht für die Sicherheit des Einzelnen, die Einhaltung der Spielregeln und den Abbruch. Sucht einer der „Spieler" bei ihm Schutz, muss dieser gewährt und der Gegenspieler aus dem Schutzraum verwiesen werden.

ERNSTFALL

Hunde denken „militärisch": Bei Gefahr, müssen alle Gruppenmitglieder wissen, wer die Gruppe schützen kann.

Kampfspiel – miteinander ringen und raufen, ohne zu drohen und imponieren.

Die Hunde: Der defensive Spieler sucht seine Grenzen. Der offensive Spieler lernt, die Beißhemmung seinem Mitspieler gegenüber zu verfeinern und festigt seinen Status. Beide üben den „Ernstfall" (siehe Kasten).

Der Mensch: Kann sich ganzkörperlich, eventuell stimmlich miteinbringen.

Führungsaufgabe: Die Hunde sollen im kleinen Raum bleiben (Nahbereich), so kann der Halter den Überblick über die Situation behalten, er steuert die Energie und bricht gegebenenfalls ab.

03 Status demonstrieren

04 Beschwichtigung: den höheren Status anerkennen

Wrestling (Imponierspiel) – Drohen und Imponieren. Für Fortgeschrittene schließt sich daran das Ringen an.
Die Hunde: Die Spieler demonstrieren ihren Status und suchen ihre Grenzen. Sie umkreisen sich mit hoher Rute, begrenzen sich über T-Stellung und legen den Kopf auf ihr Gegenüber. Daraus kann das Hochsteigen folgen und der „Ringkampf". Die Beißhemmung wird geschult, der jeweilige Rang gefestigt und im sich anschließenden „Ringkampf" der Ernstfall geübt. Die Verlierer sind genauso Gewinner, weil sie nun wissen, welcher Platz ihnen zusteht und welche Fertigkeiten sie noch trainieren müssen.
Der Mensch: Er begleitet als Schiedsrichter das „Spiel" (bitte kein Mitleid für den Unterlegenen).
Führungsaufgabe: Raum klein halten, denn Wrestlings müssen im Nahbereich ablaufen, um jederzeit den Abbruch einfordern zu können.
Tipp: Eine wichtige Spielregel ist, dass keiner verletzt werden darf. Bei Unsicherheit ist ein vernünftiger Maulkorb eine große Hilfe.

Beutespiel – Beute suchen, aufnehmen, miteinander zergeln und Beutesicherung.
Die Hunde: Sie üben sich in sozialer Kompetenz.
Der Mensch: Er zieht mit an Beute oder sichert sie. Man darf auch verlieren!
Führungsaufgabe: Raum klein halten, denn Zergelspiele finden im Nahbereich statt. Es sollte jederzeit ein Abbruch möglich sein.
Tipp: Niemals Beute weg- oder hochziehen. Will ein Hund die gesicherte Beute greifen, wird die Beute offensiv aber bewegungslos in Angriffsrichtung gehalten. Wichtig ist es dabei, sicher auf den Beinen zu stehen, um eine entsprechend Körperspannung aufzubauen.

Meute- bzw. Jagdspiel – der Vorläufer übernimmt die Rolle des Beutetieres. Die Verfolger schleichen sich an, lauern, springen an und rennen hinterher.
Die Hunde: Sie üben sich in Reaktionsschnelligkeit, Wendigkeit, Geschwindigkeit, aber auch in Impulskontrolle und Beißhemmung, denn der vorlaufende Hund darf nicht beschädigt werden.
Der Mensch: Er kürzt die Laufstrecke ab und versucht mit beiden Händen den Hund zu fangen, bringt sich zusätzlich verbal mit in den Lauf ein. Man verliert auf jeden Fall.
Führungsaufgabe: Wichtig ist, den Raum zu begrenzen, die Hunde müssen in Sichtweite bleiben und der Abbruch muss jederzeit möglich sein.

07 Vertrautheit macht einen situativen Rollentausch möglich.

Sucht einer der „Spieler" beim Leitmenschen Schutz, muss dieser gewährt werden.

PRAXIS ALLTAG

RAUFEN, RINGEN, RENNEN

Wie man sich als Leitmensch „spielend" einbringt, findet man heraus, wenn man sich mit seinen Hunden beschäftigt und sie im Miteinander aufmerksam begleitet. Eingeleitet werden Spiele durch übertriebenes Wedeln des Hinterteils, der Oberkörper wird nach unten gesenkt oder die Hunde stampfen mit den Vorderbeinen auf, machen hüpfende Galoppsprünge, stupsen und schubsen den Spielpartner und vieles mehr. Spielerisch wird der Bewegungsdrang abreagiert und Muskeln, Sehnen und Gelenke wie von selbst trainiert.

AUSSENSICHT IST WICHTIG

Da wir unsere Hunde tagtäglich im Miteinander erleben, verlieren wir manches Mal die Objektivität, was nur natürlich ist. Hilfereich ist ab und an ein Blick von außen, das heißt: Man bittet einen Außenstehenden um Einschätzung seiner Hunde. Anschließend vergleicht man die erhaltenen Informationen mit den eigenen Beobachtungen und ändert gegebenenfalls ein paar individuell eingeräumte Privilegien oder kommuniziert wieder mehr über die Leine (siehe Leine, Seite 79).

Beispiel In meiner Hundegruppe initiiert Elsa Bewegungsspiele, wie beispielsweise das Meutespiel: Sie läuft vor und die anderen Hunde verfolgen sie, denn keiner kann so schnell rennen, dabei Haken schlagen und Verfolger abschütteln wie sie. Elsa läuft so lange, bis die Wendungen zu ihrer Zufriedenheit ausfallen. Sogar bei solch einer wilden Aufholjagd können wir Zweibeiner uns einbringen, beispielsweise den Weg versperren, um Elsa zu fangen. Mit leuchtenden Augen schlägt sie dann einen Bogen und lässt mich in die falsche Richtung laufen.

Als Leitmensch ist es nicht meine Aufgabe, darauf zu achten, wer als Gewinner aus dem Spiel hervorgeht. Alles, was Spaß macht, ist erlaubt, so lange keiner der Gruppe in Bedrängnis kommt. Das ist wichtig zu erkennen, damit die Hunde sich auf ihre Art untereinander unterhalten können, denn daraus entstehen gerade in einer festen Hundegruppe eigene Spielrituale. Auch bei den Spielen um Beute, Zergeln mit Stöcken oder Stricken sollte der Leitmensch ein spielerisches, kurzes und helles Knurren von einem ernsten, langandauerndem und tiefem Knurren unterscheiden können. Beide Laute sollten immer mit der entsprechend gezeigten Körperhaltungen ausgewertet werden (siehe Von Kopf bis Rute, Seite 133). Als Spielleiter sollte ich rechtzeitig bemerken, wenn jemand ehrgeizig übertreibt und das Spiel außer Kontrolle zu geraten droht. Dann ist es nicht länger lustig und ein Abbruch muss erfolgen. Gerade auf eingezäunten Hundefreilaufflächen, wo viele Fremdhunde zusammenkommen und es keinen eindeutigen „Spielleiter" gibt, können aus sonst sanften Hunden, Raubtiere mit Beschädigungs- wenn nicht sogar Tötungsabsichten werden, weil aus dem Spiel eine nicht mehr zu kontrollierende echte Jagd wird.

SPIELERISCHE STATUSFINDUNG

Unsere Hunde entwickeln über körperlich ausgetragene Kampfspiele ihre Persönlichkeit und finden so ihren Status in der Gruppe. Bei der Statusfindung darf gedroht und posiert werden, wobei die Zurschaustellung psychischer Überlegenheit, also Selbstsicherheit und Persönlichkeit, stärker wiegt, als die physische, sprich körperliche Kraft. Spielerisch werden das Drohverhalten und der Angriff geübt: Wie lässt sich das „Opfer" am besten und effektivsten packen. Wir sollten auf die Rute achten, eine hohe Rute zeigt Überlegenheit, während der Unterlegene die Rute einklemmt. Er verdeckt mit der Rute die Analdrüsen und verbirgt so seinen Eigengeruch. Das Erkennen der Signale hilft uns, den richtigen Zeitpunkt für den Spielabbruch zu finden.

01 – 04 Hunde entwickeln über körperlich ausgetragene Kampfspiele ihre Persönlichkeit. Bei der Statusfindung darf gedroht und posiert werden.

01

02

03

04

Dazu ein Beispiel Ein Hund, der vorläuft und ein Meutespiel initiiert, hat daran keinen Spaß mehr, wenn seine Rute tief unter den Bauch gezogen ist.

Auch wenn Hunde gern kuscheln, sind sie keine Kuscheltiere und kein „echter" Hund wird auf aggressives Verhalten verzichten. Wie Kinder, die raufen, wollen auch sie sich in Kampfspielen abreagieren und messen dürfen. Während der „unterlegene" Hund im Demutsverhalten ordnungsgemäß seine verwundbareren Stellen präsentiert, erhält der kurz vor dem Zubeißen stehende Hund eine instinktive Blockade: eine Beißhemmung. Diese Blockade hat evolutionären Ursprung, sie muss „sitzen", sie ist notwendig für ein verlässliches Miteinander. Bei Hunden, die keine Erziehung genossen, Regeln und Grenzen nicht erfahren haben, beobachte ich während solcher „Spiele" mangelnde Kritikfähigkeit. Sie haben keine Frustrationstoleranz, sie können den Stärkeren nicht akzeptieren und seine Autorität nicht anerkennen. Kampfspiele sind in solchen Konstellationen gefährlich, denn sie können schnell in echte Aggression kippen. Bei Hündinnen noch schneller als bei Rüden, denn sie verzichten meist auf das Imponierverhalten und nach nur kurzer Drohung (der Leitmensch hat also weniger Zeit für den Abbruch) folgt eine Auseinandersetzung, die oft mit Beschädigung endet.

01

02

Wichtig: Alle Hunde sollten sich im Kampfspiel abreagieren, messen und raufen dürfen. Aber wenn einer der Hunde aktiv Hilfe beim Leitmenschen sucht, muss man diesem ausreichend Schutz bieten. Droht das Spiel außer Kontrolle zu geraten, muss der Abbruch vorausschauend erfolgen. Ist man unsicher, lieber zu früh eingreifen und stoppen, als zu spät. So können auch wir uns im Spiel mit unseren Hunden in unserer Position als Leitmensch üben. Faustregel: Je weniger Energie im Spiel ist, desto besser sind die Hunde erreichbar.

POSITIONIERUNG

Ein hoher Status zeichnet sich durch psychische Überlegenheit aus, sprich Selbstsicherheit und Persönlichkeit wiegen stärker als körperliche Kraft. Wird der Leitmensch in seiner Position als Gruppenleiter akzeptiert, muss er sich nicht ständig neu positionieren. Er behält die Übersicht und verwaltet die Aufgabenverteilung, damit jedes Gruppenmitglied seine Aufgabe und Position findet.

01 Die unterlegene Lanka akzeptiert Wolfis Autorität und präsentiert sich ihm demütig und verwundbar.

02 Wolfi lässt als überlegener Hund ab. Die Beißhemmung ist wichtig für ein verlässliches Miteinander.

Übung für Fortgeschrittene: Hund für Hund wird namentlich aus der Gruppe der wartenden Hunde herausgerufen. Die anderen müssen nicht starr sitzen, sollen aber den „Warteraum" nicht verlassen.

Positionierung findet statt über:

- Erziehung
- Begrenzung
- Verwaltung der Ressourcen
- bei der Sicherung (zum Beispiel Geruchskontrolle, Seite 132)
- im Austausch von Zärtlichkeit
- im Spiel
- während der Pflege

☞ ÜBUNGEN

ÜBERPRÜFUNG DER EIGENEN KÖRPERSPRACHLICHEN FÄHIGKEITEN

Die folgenden Übungen schulen Sie als Leitmenschen und geben gleichzeitig Auskunft über die Hunde, ihre Talente und ihr Können. Um sich reflektieren zu können, gebe ich Ihnen eine Auswahl an Fragen an die Hand, die Sie natürlich beliebig für Ihre Hunde ergänzen können.

Wie reagieren die Hunde jeweils auf Ihre Signale?

- **Heranrufen** – Dafür die Hunde einzeln heranrufen und ganz nah heranbitten, der „Handzug" ist dafür die passende Geste (siehe Ein sicherer Auftritt, Seite 152).
  Fragen – Kommen alle Hunde so nah? Wen muss man zweimal bitten? Wer kommt unaufgefordert (obwohl er gar nicht namentlich genannt wurde?) Wer meidet die Nähe?
  Tipp – Die Meider brauchen eine Raumbegrenzung über die Leine. Sie hilft ihnen, die richtigen Entscheidungen zu treffen.
- **Warten** – Dafür die Hunde heranrufen und auf kleinem Raum positionieren. Nun entfernen Sie sich langsam rückwärts, dabei wird verbal ans „Warten" erinnert und gleichzeitig die „Stopp-Hand", die Handfläche zeigt dabei zu den Hunden, eingesetzt (siehe Ein sicherer Auftritt, Seite 152). Die Hunde müssen bei dieser Übung nicht sitzen. Sie bieten selbst an, in welcher Position sie am besten warten können.
  Fragen – Wer kann nicht warten? Wie weit können Sie sich entfernen? Löst sich ein Hund aus der Gruppe, wird er konsequent wieder zurückgeschickt. Übrigens ist das jetzt die Gelegenheit, ein schönes Foto zu machen. Aufgelöst wird das Warten nicht einfach so und auch nicht durch heranrufen, sondern man geht zu seinen Hunden und verteilt kleine Stupser, Lefzenkuss oder ähnliche zärtliche, wenig energetische Gesten. Wer reagiert dabei übertrieben, wer zurückhaltender?
  Für Fortgeschrittene – Aus der Gruppe der wartenden Hunde ruft man nun Hund für Hund namentlich heraus, die anderen sollen weiter warten. Sie müssen dabei nicht starr sitzen, aber sollen den „Warteraum" nicht verlassen.

Übung: Leckerli suchen

Der Leitmensch sichert die Ressource …

— **Schlängeln** – Dafür die Hunde auf einem breiten Weg im engen Verbund nah bei Ihnen laufen lassen. Nun die Wegseiten von links nach rechts wechseln. Stellen Sie sich bildlich einen Slalom vor.
Fragen – Ist es Ihnen möglich, die Hunde bei sich zu halten? Wer ignoriert Sie oder wer meidet Sie gar? Das ist übrigens eine Übung, um zum Beispiel einem Fahrradfahrer zügig mit der gesamten Gruppe ausweichen zu können.

Können Sie Ressourcen sichern?

Der Leitmensch sollte Ressourcen ohne Einsatz von aktiver Aggression erfolgreich einfordern und ebenso sichern können.

— **Picknick** – Dafür eine geeignete Stelle suchen und die Hunde um sich gruppieren. Leckerli hervorholen und Hund für Hund einzeln aus der Hand füttern.
Fragen – Ist es Ihnen möglich, dass alle Hunde geduldig warten, bis jeder dran ist? Wer drängelt, schubst oder springt hoch?
Für Fortgeschrittene – Sie setzen sich auf den Boden und warten bis Ruhe einkehrt.
Fragen – Setzen sich die Hunde zu Ihnen? Wem ist das zu langweilig? Ziel ist, dass sich die Hunde um sie gruppieren. Nun machen Sie Picknick, das heißt, Sie essen ein Brötchen und reihum bekommen alle Hunde etwas davon ab. Ist es Ihnen möglich Ihren Individualbereich zu halten?

— **Suchspiel** – Dafür verstecken Sie ein Leckerli. Die Gruppe schaut zu.
Fragen – Ist es Ihnen möglich, einen Hund namentlich zu nennen, der die Beute suchen darf? Oder stürzen sich nun alle Hunde auf das Leckerli?

— **Beute sichern** – Sie haben zum Beispiel einen Stoffzergel in der Hand. Üben Sie diesen in der Hand zu halten, ohne dass die Hunde ihn Ihnen entreißen. Werfen Sie ihn hoch, fangen Sie ihn wieder und lassen ihn über die Erde gleiten.
Fragen – Können Sie die Hunde davon abhalten, Ihnen die Beute zu entreißen?
Tipp –Beute niemals weg- und hochreißen. Beobachten Sie Ihre Hunde, wie sie Beute ins Spiel bringen und wie sie sichern (siehe Übungen für den Leitmenschen, Seite 70).

01

...für den suchenden Hund.

- **Futter liegen lassen – für Fortgeschrittene:** Dafür die Hunde etwas abseits warten lassen und Futter mitten auf den Weg legen. Nun die Hunde als Gruppe formieren, auf den Weg treten und am Futter vorbeilaufen.

UNGEHORSAM IST EINE KOMMUNIKATIONS-SCHWÄCHE

Boss, Chef, Alpha, Leithund oder Ähnliches – nimmt ein Hund einen hohen Status innerhalb der Gruppe ein, lassen sich dafür viele Bezeichnungen finden. Aber was macht einen solchen Hund aus? Ist es der Hund, der im Kampfspiel immer gewinnt, die anderen kontrolliert, dominiert und beherrscht? Demnach könnte der Hundehalter nur dann einen hohen Status einnehmen, wenn er sich vor allem bei „Ungehorsam" dominant präsentiert und den jeweiligen Hund in die Unterordnung bringt. Im schlechtesten Fall wird die Reglementierung vom Hund nicht verstanden, sondern nur geduldet. Soll er dann ein weiteres Mal dominiert werden? Schließlich, so haben wir festgestellt, braucht ein ranghoher Status die Akzeptanz aller Mitglieder (siehe Der Einzelne und seine Position, Seite 35). Natürlich kann man sich diese auch durch Unterwerfung verschaffen, eine Diktatur funktioniert nicht anders, aber Angst und Unsicherheit sind keine Basis für ein harmonisches Zusammenleben. Behalten wir im Kopf, dass „Ungehorsam" lediglich Kommunikationsschwächen zwischen dem Menschen und seinen Hunden aufdeckt. Feilen wir also gemeinsam daran, diese zu beheben. Wir sollten sowohl uns als auch den Hunden Raum und Zeit zum Verstehen geben, dann entsteht eine gegenseitiges Akzeptanz, die vertrauensvoll verbindet.

01 Ein geklärter Status macht ein vertrautes Miteinander mit situativem Rollenwechsel möglich.

02 Mittlerweile bietet sich auch Kora vertrauensvoll für solche Interaktionen an.

02

EIN SICHERER AUFTRITT

— *Mit dem Körper kommunizieren*

Im sozialen Austausch mit unseren Hunden sollten wir keine Scheu vor Körperlichkeit haben. Setzen wir uns ganzkörperlich ein, integrieren wir die Hunde als Teamplayer in die gemeinsamen Aktivitäten. Je besser wir unseren Körper dabei unter Kontrolle haben, desto verständlicher wird der Austausch.

Wie der Einsatz der Stimme, so sollte auch die körperliche Kommunikation auf Hund und Situation abgestimmt werden. Zusammen mit meinen Hunden kann ich erfahren, wie viel Körpereinsatz benötigt wird. Egal ob energisch oder sanft, Hunde erwarten klare und deutliche Vorgaben. Unsere Arme führen und leiten, die Hände zeigen Sichtsignale und setzen körperliche Impulse im Nahbereich. Die Beine geben die Schrittgeschwindigkeit vor und nehmen Räume ein (siehe Räume, Seite 157), während uns die Füße die so wichtige Bodenhaftung verschaffen. Man spricht von einem „sicheren Auftreten", das sollten wir ganz wörtlich nehmen, denn vorgelebte Unsicherheit verunsichert auch den Hund.

HALLO-ARM

- **Sichtzeichen bei großer Distanz**
- **Arm wird senkrecht hoch gestreckt**
- **Geste zum Sammeln der Gruppe**

Sind mehrere Hunde im Freilauf, ist es sinnvoll, diese immer wieder zu versammeln. Ich setze diese körpersprachliche Geste zum Beispiel vor Wegbiegungen ein, um die Gruppe vorrausschauend zu sichern, oder auch nach einem ausgelassenen Spiel, um die Hunde wieder herunterzufahren. Für Nachzügler rufe ich zusätzlich die Namen der jeweiligen Hunde.

Hallo-Arm

Handzug

Handstopp

HANDZUG

- **Sichtzeichen im Nahbereich**
- **Hand wird auf den Körper zu gezogen (ähnlich einem Seilzug)**
- **Einladende Geste für den Einzelnen, Aufforderung nah heranzukommen**

Versammle ich die Hunde ganz dicht um mich herum, beispielsweise um Bikern auszuweichen, braucht der eine oder andere eine Ermunterung, noch näher heranzukommen. Hierbei ist der Handzug hilfreich. Die Bewegung sollte immer einladend und auf keinen Fall einfangend sein. Ich nutze dies erfolgreich bei Hunden, die mit Meideverhalten reagieren (siehe Seite 57).

HALLO-HAND

- **Sichtzeichen im Nahbereich**
- **Hand seitwärts tief, als Einladung für die Hundenase halten**
- **Geste für den Einzelnen zur kurzen Kontaktaufnahme**

Über diese Geste kann ich das Zugehörigkeitsgefühl stärken. Es ist eine vertraute Geste ähnlich dem Lefzenkuss (siehe Kommunikation, Seite 137). Zu kleineren Hunden muss man sich zur Kontaktaufnahme herunterbeugen.

HANDSTOPP

- **Sichtzeichen im Nahbereich**
- **Hand wird flächig wie eine Barriere gehalten (entweder senkrecht oder waagerecht)**
- **Raumbegrenzung für den Einzelnen oder die Gruppe**
- **Geste für den Abbruch**

Hunde sollen toben und raufen dürfen. Lasse ich Energie frei, muss ich sie auch herunterfahren können. Dafür deute ich mit der flachen Hand waagerecht in Richtung Boden. Den endgültigen Abbruch signalisiert die senkrecht vor den Körper gehaltene Hand (Handfläche zeigt vom Körper weg) und zusätzlich gebe ich ein verbales „Stopp". Das wird auch von Entgegenkommenden als Stopp-Signal erkannt, eine Aufforderung Tempo zu reduzieren und Abstand zu halten.
Bei Interaktionen innerhalb der Gruppe schütze ich so den Raum, der an der Leine mitgeführten Hunde (siehe Räume, Seite 157).

Hallo-Hand

Geste für persönliche Ansprache

Richtungsweisender Fingerzeig

ZEIGEFINGER

- **Sichtzeichen im Nahbereich**
- **Zeigefinger weist auf den Hund**
- **Zeigefinger weist in die gewünschte Richtung**
- **Richtungsweisende Geste und Ansprache für den Einzelnen**

Zeigegesten sind immer zielorientiert. Die Hunde wissen durch diese Geste, welcher Weg eingeschlagen wird, sie können diesen ohne weitere Aufforderung, also selbstständig agierend, folgen. Zeige ich innerhalb der Gruppe auf einen Hund, ist dies eine persönliche Ansprache, die eine Dringlichkeit beinhaltet. Derjenige weiß, dass er in meinem Fokus ist, und dass ich jetzt unbedingt Kooperation erwarte.

BEIFALL

- **Hörzeichen im Nahbereich und bei Distanz**
- **In die Hände klatschen, laut oder leise**
- **Motivierende oder lobende Geste**

Klatscht man in die Hände, bringt das die Hunde zurück in die Aufmerksamkeit und fordert sie auf, sich wieder am Gruppengeschehen zu beteiligen. Ein Beifallsklatschen zeigt je nach Situation entweder Anerkennung, zum Beispiel wenn einer der Hunde auf einen Baumstamm gehüpft ist, oder Motivation, zum Beispiel um schneller aufzuschließen. Habe ich nur eine Hand frei, kann ich damit auf meinen Oberschenkel klatschen.

FLÜGEL

- **Sichtzeichen im Nahbereich**
- **Arm seitlich wie Flügel halten**
- **Aufforderung sich im Nahbereich aufzuhalten**

Sind wir als Gruppe unterwegs, müssen wir auf Wegen Entgegenkommenden ausweichen. Dafür bitte ich alle Hunde auf eine Seite und nehme sie dann in meinen Schutz, genauso wie eine Glucke ihre Küken unter die Flügel nimmt. Es kann auch ein einzelner Hund unter „den Flügel" genommen werden, wenn er situativ besonderen Schutz braucht.

Aufforderung, sich im Nahbereich aufzuhalten

»Der Körper kann mehr als der Kopf ihm zutraut.«

Sprichwort

BEINSCHRANKE

- **Sichtzeichen im Nahbereich**
- **Bein wird wie eine Schranke genutzt**
- **Raumbegrenzung (siehe Raum, Seite 157)**

Die Beinschranke hilft mir dabei, Hunde in dem von mir zugewiesenen Raum zu halten, zum Beispiel wenn wir einem Fahrrad ausweichen.

FÜSSE

- **Hörzeichen im Nahbereich**
- **Fuß scharrt oder stampft auf den Boden**
- **Aufmerksamkeit**

Auch die Füße sind wichtige Ausdrucksmittel. Laufen zum Beispiel zwei oder drei Hunde vor und ich möchte ihre Aufmerksamkeit, scharre ich mit dem Fuß kurz über den Boden, darüber erhalte ich Augenkontakt für eine weitere Kommunikation. Ein Stampfen unterstreicht meine Aufforderung und macht sie dringlicher.

Die Beine nehmen Raum ein und halten ihn.

Über Scharren erhält man Aufmerksamkeit.

Rechte Hand: Flügel. Linke Hand: dringlicher Fingerzeig auf die träumende Elsa

RÄUME

— *Das Denken in Räumen hilft, das Gruppenziel zu sichern und zu halten.*

IN RÄUMEN DENKEN

— Grenzen setzen

HUNDE DENKEN TERRITORIAL

Hunde bewachen „Haus und Hof", sprich ihren Lebensraum, und unterwegs in der Natur nehmen sie durch territoriales Markieren weiteren Raum ein.

»Glück ist ein Segen, aber in der Regel eine Eroberung.«

Paulo Coelho

Ihr räumliches Denken geht noch weiter: Treffen Hunde aufeinander und einer stellt sich dabei seitlich vor den anderen (T-Stellung), hindert er ihn so am Weiterlaufen. Er begrenzt dessen Bewegungsraum, das heißt, Hunde erkennen auch den Individualraum ihres Gegenübers und nehmen diesen ein.

FREIER UND BESETZTER RAUM

Raum kommt von rûm „das nicht Ausgefüllte", „freier Platz" und ist, philosophisch betrachtet, ein grundlegender Bestandteil der Wirklichkeit. Dieses Kapitel widmet sich Räumen und wie wir sie in der Mehrhundehaltung nutzen können.
In unserem alltäglichen Treiben bewegen wir uns durch den Raum, nehmen diesen ein und füllen ihn aus. „Raum" bezeichnet auch eine in Länge, Breite und Höhe eingegrenzte Ausdehnung, das heißt, wir stoßen dabei unweigerlich an Grenzen. Stellen wir uns „Raum" als ein von Wänden sichtbar begrenztes Zimmer vor, hat es, je nach Größe, entweder viel oder wenig freies Volumen. Betreten wir – Menschen und Hunde – das Zimmer, nehmen wir Raum ein. Die Größe des besetzten „privaten Raumes" legt jeder individuell fest, er bestimmt und erklärt seinem Gegenüber, wie weit er sich nähern darf. Kommuniziert werden die Grenzen, bei Menschen wie bei Hunden, körpersprachlich oder verbal. Der Individualbereich muss respektiert werden, das ist eine Regel im sozialen Miteinander. Nehmen wir das Bild vom Raum zur Hilfe – wir werden es noch öfter gebrauchen – dann darf die Grenze zum persönlichen Bereich also nur der überschreiten, der die Erlaubnis dafür erhalten hat, alles andere wird als unerlaubtes Eindringen empfunden. Mithilfe des Raumdenkens erkennen wir Grenzen und Grenzüberschreitungen und können so vorausschauend Gefahrensituationen vermeiden. Die Leine ist dabei ein wichtiges Hilfsmittel (siehe Seite 77), die Hunde im Raum zu halten.

„Hier ist besetzt!" Hunde sind territorial: Sie wachen über ihren Raum.

RAUM OHNE WAND

Individualräume sind persönlich definierte Räume und doch wissen wir instinktiv, welchen Bereich unser Gegenüber einnehmen wird. In einer Fußgängerzone bleiben wir zum Beispiel entweder in unserem eingenommenen Raum, oder wir machen den Platz für den Entgegenkommenden frei. Ein weiteres Beispiel für Räume ohne Wände

01 Gemeinsames Laufen auf engem Raum. Mala hat sich abgesondert. Sie wird verbal und per Fingerzeig angesprochen und gemahnt.

02 Die einladende Geste ermuntert sie freundlich, sich anzuschließen.

finden wir beim Fußball, hier reden wir vom Strafraum, dieser wird nicht durch Wände begrenzt, sondern mittels durchgezogener Linien. Spreche ich beim Führen mehrerer Hunde vom Leinenraum, wird die „Wand", die Begrenzung, über die Leinenlänge definiert. Stellt man Hunden „Freiraum" zur Verfügung, hilft dem Hundehalter die optische Vorstellung des Raumes die Hunde in dem von ihm festgelegten Bereich zu halten und kontrolliert zu führen.

»Auch in der Tat ist Raum für Überlegung.«

Johann Wolfgang von Goethe

Alle Räume haben eines gemein: den Wunsch des Individuums, diese einzunehmen. Während Hunde ihrem instinktiven Lebensdrang folgen und möglichst viel Raum einnehmen, kann der Mensch Situationen überschauen, vorausschauend handeln und den Hund entsprechend begrenzen.

BEISPIEL „FREIRAUM"

Freiraum bietet dem Einzelnen und der Gruppe Möglichkeiten zur Entfaltung eigener Kräfte und Ideen. Das kann im wilden Spiel genauso wie beim Vorlaufen geschehen. Die Begrenzung des „Freiraums" folgt durch ein Aufmerksamkeitssignal (Sicht- oder Hörzeichen). Der freigegebene Raum soll nicht vergrößert, sondern bitte eingehalten werden. Der Rückruf verkleinert den zur Verfügung gestellten Bereich und der Abbruch schließt den Raum.

03 Mala möchte vorlaufen. Die Geste und der nach hinten verlagerte Körper verweisen sie auf ihre Position.

04 Laufen auf einer Wegseite ist eine Übung, um im Bedarfsfall ausweichen zu können. Die Gruppe bleibt dabei im Bewegungsfluss.

Gründe sind:

— Regelverstoß (siehe Regeln, Seite 107)
— Außenreize
— Zeitdauer

Unseren Hunden sind die unterschiedlichen Raumvorgaben, das Begrenzen und Schließen, sehr verständlich. Wir sollten uns dies bewusst machen und Räume entsprechend vorgeben.

BEGRENZUNG GILT FÜR ALLE GLEICH

In der Gruppenhaltung ist es wichtig, die Begrenzung für alle Mitglieder gleichzuhalten, denn die Hunde orientieren sich aneinander. Das bedeutet: Räume müssen klar definiert sein.

Beispiel Der kleine Hund darf nicht mehr Spielraum für unangebrachtes Bellen bekommen, nur weil er klein ist, und dem Senior darf nicht mehr Freiraum beim Freilauf gestattet werden, nur weil er älter ist. Solche Sonderrollen müssen für die Gruppe einen Sinn ergeben und gruppenaffin ablaufen, also sollte der Kleine als Melder von tatsächlichen Gefahren eingesetzt werden und der Senior, aufgrund seiner Erfahrung, als Vorläufer (immer in Sichtweite).

RÄUME DEFINIEREN

Um Grenzen für Räume definieren zu können, brauche ich eine genaue Vorstellung davon, wie groß der zur Verfügung gestellte Bereich sein soll. Wie weit dürfen die Hunde sich von mir entfernen und ab wann werden Aktionen abgebrochen? Wie nah ist es Fremden erlaubt, heranzukommen und wann ist es zu nah? Wie weit dürfen die Hunde im Spiel gehen und ab wann ist es zu wild? Natürliche geografische Begrenzungen sind eine Hilfe. Die Hunde dürfen sich beispielsweise nur auf der Grasfläche aufhalten. Eine weitere Hilfe, um Räume zu definieren, sind die Gruppenregeln. Bei Regelverstoß wird der zur Verfügung gestellte „Freiraum“ verkleinert oder geschlossen. Zeit ist ein weiterer Faktor bei Raumvorgaben. Der Abbruch einer Aktion kann zeitliche Gründe haben und natürlich auch durch plötzlich auftretende Außenreize bedingt sein.

Beispiel Die Hunde toben ausgelassen auf einer Lichtung und plötzlich tauchen Reiter auf. Es folgt der sofortige Abbruch jeder Aktion und der zur Verfügung gestellte Raum wird über den sich anschließenden Rückruf verkleinert.

Räume werden definiert durch den Einsatz von Körper und Stimme.

Verbale Signale

— „Zu weit“, „Stopp“, „Zurück“, Hunde mit Namen ansprechen

Körperliche Signale

— Die Beine und Füße zeigen die Bewegungsrichtung an. Sie nehmen, geben und halten Raum.
— Die Hände zeigen die Bewegungsrichtung an. Sie zeigen und weisen Raum an.

- Die Arme halten den Raum.
- Hilfsmittel ist im Haus die Hausleine und unterwegs in der Natur eine drei bis fünf Meter lange Leine (siehe Schleppleine, Seite 104).

Räume werden etabliert durch das Einführen von Raumgrenzen.
Alles was im Nahbereich nicht klappt, gelingt auch nicht in der Entfernung. Begonnen wird mit kleinen Räumen in reizarmer Umgebung. Hunde wissen, was es heißt, begrenzt zu werden. Setzen sie sich über die Begrenzung hinweg, sind sie nicht nur klassisch ungehorsam, sondern sie wollen nicht dazugehören, sich nicht anschließen und folgen. Das Zugehörigkeitsgefühl ist aber die Basis der Arbeit mit der Gruppe, hier sollte angesetzt und gefeilt werden (siehe Miteinander, Seite 11). Hilfsmittel ist die aktiv geführte (!) Schleppleine.

Räume werden ritualisiert durch Wiederholungen: gleicher Ort, gleicher Ablauf.
Bringe ich neue Hunde in meine Gruppe ein, laufen wir anfangs immer die gleichen Strecken. Das macht es mir möglich, unsere Aktivitäten in den jeweiligen natürlichen Räumen zu ritualisieren. Hat der Hund es in gewohnter Umgebung verstanden, „erobern" wir neue Areale.

Tipp Führe ich Hunde mit hohem Energielevel mit, zum Beispiel einen Malinois, bleibt er angeleint im nahen und ruhigen Raum, während die anderen Hunde ihre Energie im Großraum ausleben dürfen. Diese Maßnahme schult Impulskontrolle und Frustrationstoleranz, denn solche Hunde müssen lernen, mit ihrer Energie umzugehen. Leine ich sie ab, fahren sie zu schnell hoch und einmal im hohen Energielevel sind sie nur schlecht wieder zu beruhigen. Sie bauen ihre überschüssige Energie nicht durch mehr und schnelle Bewegung ab, sondern durch Ruhe. Ritualisiere ich auf diese Art und Weise den Umgang mit energetischen Hunden, ist es mir möglich, Räume auch ruhig zu öffnen. Lasse ich den Power-Hund aber zweimal direkt mit durchstarten, wird er beim nächsten Mal schon 100 Meter vor der Stelle den kommenden Raum ankündigen und einnehmen wollen.

»In einer Gruppe braucht jeder Einzelne Raum zur Entfaltung seiner Persönlichkeit.«

Ursula Löckenhoff

ABGRENZUNG

Kommt uns jemand unaufgefordert zu nah, fühlen wir uns, Mensch wie Hund, bedrängt oder sogar bedroht. Wurde dem Entgegenkommenden offensichtlich signalisiert, dass kein Kontakt erwünscht ist, verhält dieser sich trotz freundlicher Absicht unhöflich und distanzlos, wenn er unerlaubt in unseren persönlichen Bereich eindringt. Es ist also wichtig, die entsprechenden Signale seines Gegenübers zu erkennen und zu respektieren, um eine angemessene „Abgrenzung" zu finden, einen Abstand, mit dem sich alle Beteiligten wohlfühlen.
Bin ich mit meiner Hundegruppe unterwegs und kommen uns Passanten oder Hunde entgegen, warten wir entweder oder laufen einen Bogen, damit sich weder Menschen noch Hunde von uns bedrängt fühlen. Genauso wenig möchten wir bedrängt werden. Bleibt jeder höflich in seinem

01

Raum, muss weder die Reviergrenze angezeigt, noch der eigene Bereich verteidigt werden. Leint aber jemand extra seinen Hund ab, damit er mit meiner Gruppe „spielen“ kann, dann sollte man klar kommunizieren, ob man ein Eindringen erlaubt oder nicht. Denn überlässt man seinen Hunden die Entscheidung, handeln sie frei nach dem Motto: „Wer anderen ungefragt auf die Pelle rückt, bekommt was auf die Mütze“. Stellen wir uns bei Hundebegegnungen bildlich unsere Wohnung vor, die ein Fremder ungefragt betritt und uns freundlich auf die Schulter klopft. Er setzt sich trotz seiner Freundlichkeit respektlos über Regeln im Miteinander hinweg. Hunde agieren territorial. Machen wir uns das bewusst, wird uns manches hündische Verhalten verständlicher. Nicht nur unterwegs, auch innerhalb der Gruppe gilt es auf die unterschiedlichen Individualräume der Hunde zu achten. Ridgeback Samu wählt genau aus, wer ihm vertraulich nah kommen darf, während Whippet Elsa engen Körperkontakt von Hund und Mensch geradezu einfordert. Jeder Hund ist anders und möchte auch in der Gruppe individuell gesehen werden. Es sollte also ein gutes Gespür für die unterschiedlichen Bedürfnisse entwickelt werden – ein Zuviel an Einfühlungsvermögen und überschwänglicher Liebe ist meist erdrückend. Ein Gleichgewicht individuell in der Beziehung zu jedem Hund zu finden, hilft, der jeweiligen Persönlichkeit Raum zu geben.

Wichtig: Führe ich eine Gruppe mit durchweg sozial sicheren und freundlich aufgeschlossen Hunden, darf es natürlich zum Aufeinandertreffen mit fremden Hunden kommen. Hunde sind hochsozial, sie lieben Hundekontakte – warum also nicht? ABER wenn ein Hundehalter signalisiert, dass kein Kontakt erwünscht ist, muss respektvoll jeder Hund kontrolliert zurückgerufen werden können.

01 – 02 Wolfi braucht mehr Individualraum. Ich bitte die Passantin Abstand zu halten. Ich grenze die Gruppe ab und schaffe einen Raum, in dem sich alle Beteiligten wohlfühlen.

02

01

02

☞ ÜBUNGEN

RAUM EINNEHMEN UND HALTEN

Beides erfordert Konzentration von Mensch und Hund.

Raum einnehmen Die Hunde stehen an der Küchentür (auch Haus-, Garten- oder Terrassentür). Sie schauen von dort zu, wie eine Schale mit Leckerlis gefüllt wird. Obwohl die echte Tür offen ist, halte ich den Raum geschlossen. Das gelingt, indem ich verbal erkläre, was ich von den Hunden erwarte. Mein Körper nimmt dabei den Raum ein, indem ich einen Schritt auf die Hunde zugehe und ihnen unmissverständlich anzeige, dass hier besetzt ist. Die Hunde weichen entsprechend zurück. Je besser Hunde gelernt haben, Grenzen zu akzeptieren und den Status des Leitmenschen nicht infrage zu stellen, desto einfacher fällt, es den Raum zu halten.

Beine geben und nehmen Raum:

01 Das Bein als Begrenzung vor die Gruppe stellen.

02 Mit dem Bein Raum einnehmen, dabei die Hunde weich und fließend in den hinteren Bereich weisen.

03 Das Bein wird erneut nach vorn gezogen, die Hunde treten vor und nehmen den wieder frei gewordenen Raum ein.

04 Die Beine zeigen jetzt die Bewegungsrichtung an. Wir ziehen geschlossen weiter.

03

04

»Kein Raum ist so klein, dass sich darin nicht Größe entfalten ließe.«

Sprichwort

Raum halten Die Hunde dürfen jetzt die Küche betreten – wer drängelt, wird verbal verwarnt. Sie sollen Abstand halten, während die Schale auf den Boden gestellt wird. Die Hunde müssen nicht absitzen, sie dürfen es aber anbieten. Es gibt kein Kommando, außer der Bitte zu „warten". Körpersprachlich setzt man sich dabei von unten nach oben ein, das heißt, zuerst nimmt das Bein den Raum um die Schale ein, dann halten Arm und Hand den Bereich (siehe Ein sicherer Auftritt, Seite 152). Tritt man einen Schritt zurück, hält ein fester Blick die Hunde auf Abstand (bitte erst in kleinen Abständen üben). Die Schale wird aufgenommen, der Raum wird kleiner, aber dennoch gehalten. Zum Abschluss bekommt jeder ein Leckerli aus der Schale. Die Hunde scharen sich nun dicht um einen herum. In der Enge ist es wichtig, dass die Regeln des Respekts eingehalten werden: Es wird weder gedrängelt, noch geschubst, nicht gedroht oder gebissen. Das Leckerli aus der Schale ist nicht als Belohnung zu sehen, sondern als Abschluss einer gemeinsamen Aktion.

Tipp Ich benutze bei solchen Übungen die Wörter „warten" und „langsam". Diese Wörter verwende ich auch, wenn wir unterwegs sind.

Fingerzeig unterstützt Beinarbeit:

01 Das Bein als Begrenzung vor die Gruppe stellen. Der Fingerzeig weist außerdem auf Nero. In Kombination mit dem gespannten leicht nach vorn gebeugte Körper bedeutet das: „Nero, zurück!"

02 Der Körper verliert die Spannung, die Hand weist weich nach vorn. Nero soll im seitlichen Raum „bei mir" laufen.

Auch den Abbruch kann ich bei dieser Übung etablieren. Kommt keine Ruhe in die Gruppe, keiner möchte warten oder mangelt es an Respekt, wird die Aktion abgebrochen und die Schale weggeräumt.

Wichtig: Die Schale ist eine Beute (Ressource). Bei der Beutesicherung darf das Objekt der Begierde niemals weggezogen und nach oben gerissen werden. Denn dann sichert man nicht, sondern eröffnet das Spiel aufs Neue. Beute wird ruhig bis starr, mit offensiver Körperhaltung gehalten und dann nimmt man sich den Raum, der für eine Sicherung benötigt wird (zum Beispiel, die Beute auf den Tisch zu stellen).

01

02

Hunde im linken und rechten Leinenraum. Die Hunde sollen im zugewiesenen Raum bleiben.

DER LEINENRAUM

Die Leine ist ein wichtiges Hilfsmittel, um Räume zu etablieren. Ich habe vorher bereits erwähnt, dass nicht jeder Hund Nähe mag. Unterwegs beim Dogwalk kommen wir aber immer wieder in Situationen, in denen Nähe erforderlich ist, beim Anleinen zum Beispiel. Um solche Hunde anfangs nicht mit „zu viel Mensch" zu überfrachten, arbeite ich im Haus mit einer Hausleine: einer kleinen Ein-Meter-Leine. Liegt der Hund auf seinem Platz, greife ich statt des Hundes die Leine und gehe so nicht direkt auf Tuchfühlung, sondern nehme indirekt über die Leine Kontakt auf (siehe Hilfsmittel für den Alltag, Seite 72).
Der Leinenraum ist auch mit mehreren Hunden ein gemeinsamer Individualraum – hier sind wir uns nah und spüren uns als Einheit. In diesem Raum sollte sich jeder Hund wohlfühlen können und auch entsprechend geschützt werden. Die mitgeführten Hunde sollten alle einen für sie komfortablen Platz einnehmen können, entweder im rechten oder linken Bereich der Führperson. Entscheidend ist, dass sie während des Leinengangs nicht die Seiten von links nach rechts wechseln. Die Hunde dürfen der Führperson nicht den Raum zum Laufen nehmen. Mögliche Folgen wie Leinenverwicklungen und Stolpern würden nicht nur den Hundehalter in Gefahr bringen, sondern die gesamte Gruppe.
Territorial wie manche Hunde sind, wollen sie den Leinenraum anzeigen und verteidigen. Das Raummanagement sollte jedoch die Führperson leiten. Bei sicher abgegrenzter Führung braucht der Wachsame nicht wachen und der Unsichere kann sich entspannen. Das Bild vom Raum hilft, eigene und damit authentische Möglichkeiten zu finden, dem Umfeld und den mitgeführten Hunden zu zeigen, dass hier Raum gehalten und ein Eindringen verhindert wird.

Der Leinenraum sollte:

- in links und rechts aufgeteilt werden. Der Hund soll die Leinenräume nicht wechseln.
- eine feste und komfortable Position für die Führperson bieten.
- jedem der mitgeführten Hunde einen komfortablen Platz bieten.

Der Leinenraum wird eingenommen über:
- den Körper. Er zeigt zusätzlich die Bewegungsrichtung an.
- die Beine. Sie geben zusätzlich Bewegungsrichtung und Schrittgeschwindigkeit vor.
- die Füße. Sie sorgen zusätzlich für eine sichere Bodenhaftung.
- die Arme. Sie führen und lenken.
- die Hände. Sie halten die Leinen und sind die Hand zum Hund (über die Leine den Hund spüren).

☞ PRAXIS ALLTAG

RAUMDENKEN IM HÄUSLICHEN UMFELD SCHULEN

Beispiele aus meiner Hundegruppe

Im Zimmer Meine Hunde ruhen tagsüber in unseren Wohnräumen. Wenn wir nicht gemeinsam unterwegs sind, halten wir uns – die Hunde und ich – meistens im Arbeitszimmer auf. Während ich arbeite, entspannen die Hunde, es ist ein Ruheraum. Kommt ein neuer Gast, ziehe ich die Tür des Arbeitszimmers zu. Die Ruhenden werden so nicht gestört und der Neue darf mich mit all seiner mitgebrachten Energie und Freude gebührend begrüßen.

Der geschlossene Raum hilft:
- den Schlaf meiner Gruppe zu schützen.
- Der Erstkontakt obliegt mir (ich schätze den Neuen ein, werte meine Erkenntnisse aus und entscheide, wie ich weiter vorgehe – siehe Hinten ist alles in Ordnung, Seite 132).
- Hund für Hund aus dem Zimmer zu holen, um den Neuen in Ruhe vorzustellen.

Wichtig: Der Ruheraum bleibt Ruheraum, auch während meiner Abwesenheit. Das wird im Tagesablauf ohne Reiz etabliert.

Tipp Die Box – bei mir heißt sie Hundehöhle – hilft, in der Mehrhundehaltung Ruhe zu halten. Sie ist nicht dafür gedacht, Hunde wegzusperren, sondern soll als Rückzugsraum ungestörten Schlaf ermöglichen. Die Boxentüren stehen offen und die Hunde können selbst wählen, ob sie das Angebot annehmen. Welpen und Junghunde gewöhne ich gleich zu Beginn an unsere Höhlen. Sollte ich das Zimmer verlassen, verschließe ich die Boxentür und die Ruhe wird im Raum gehalten.

Bei der Fütterung Die Fütterung findet bei uns in der Wohnküche statt. Alle Hunde speisen gemeinsam. Jeder Hund bekommt bei der Fütterung einen eigenen imaginären Raum zugewiesen, vergleichbar mit einer Sitzordnung bei Tisch. Bei uns können die meisten Hunde sehr dicht beieinander gefüttert werden, denn wir sind eine vertraute Gemeinschaft. Die Schnellesser sollen warten, bis alle fertig sind. Hunde, die futterneidisch sind, nehmen mehr Raum ein, sie benötigen mehr Platz um sich herum. Es muss gewährleistet sein, dass jeder Hund ungestört sein Futter zu sich nehmen kann. Dies gelingt über die Raumzuweisung. Sollte jemand anderes aus der Familie für mich die Fütterung übernehmen, skizziere ich ihm/ihr ein Bild unserer Wohnküche mit Kästchen mit dem Namen des Hundes an der Stelle, an der sich sein „Fütterungsraum" befindet. Gemeinsame Mahlzeiten verbinden und wenn sie entspannt ablaufen, wird die Fütterung zum Gruppenhighlight.

Über die Hausleine kann ich den Individualraum des Hundes respektieren. Auch bei der Fütterung kann sie ein wertvolles Hilfsmittel sein, um dem Hund beizubringen, eine Raumzuweisung zu akzeptieren.

»Der Leitmensch muss nicht als erster durch die Tür, aber er öffnet sie.«

Ursula Löckenhoff

Wichtig: Essen soll allen Spaß machen, die Fütterung sollte deswegen ohne Hektik ablaufen. „Störer" müssen, eventuell über eine Hausleine (siehe Fütterung von mehr als einem Hund, Seite 62), in ihrem Raum gehalten werden.

Tipp Wie wir Menschen gern unseren Stammplatz am Esstisch einnehmen, so möchte auch der Hund an seinem vertrauten Platz essen. Das gibt dem Einzelnen innerhalb der Gruppe eine Erwartungssicherheit: Er darf den Platz besetzen, das heißt Raum einnehmen, und während der Fütterung gehört dieser ihm ganz allein.

Im Auto und beim Aussteigen Mache ich mit den Hunden einen Ausflug, nutzen wir das Auto. Die großen Hunde sitzen hinten im Heck, ein umschlossener Raum, der die Hunde während der Fahrt sicher und geborgen hält. Öffne ich die Türen, heißt das für die Hunde: der Zugang zum nächsten Raum ist offen und das unbekannte Gebiet muss sofort eingenommen werden. Hier kann es zu Missverständnissen kommen, wenn nicht klar definiert wurde, ab wann ein Raum offen ist. Das Erste, was meine Hunde also lernen, ist: Auch wenn ich eine „echte" Tür öffne, wird erst auf mein Signal hin, der Raum tatsächlich geöffnet. Ich lasse nun Hund für Hund mit der Vorgabe aus dem Auto aussteigen, den nächsten (imaginär) verschlossenen Bereich direkt am Ausstieg nicht zu verlassen. So behalte ich die Kontrolle über die Gruppe. Erst wenn alle Hunde ausgestiegen sind, machen wir uns gemeinsam auf den Weg zur „Eroberung" neuer Räume (siehe rechts, Revierverhalten).

Im Garten Da Hunde territorial agieren, lasse ich sie nie alle gleichzeitig in den Garten hinausstürmen. Sie würden die freie Fläche erobern, dabei einer den anderen übertrumpfen und sich gegenseitig den Raum nehmen wollen. Ähnlich wie beim Aussteigen aus dem Auto, geht einer nach dem anderen in den Garten, dabei ist die Reihenfolge unabhängig vom Status. Die Hunde, die am ungeduldigsten sind, sollten am längsten warten und so ihre Impulskontrolle schulen. Um die Energie niedrig zu halten, wird der Garten in gedachte Parzellen unterteilt.
Begonnen wird mit einem kleinen Raum von circa fünf Meter Durchmesser um den Hundehalter herum – je nach Gartengröße kann der Raum gegebenenfalls entsprechend vergrößert werden. Wie bei der Fütterung werden genau die Hunde angeleint, die sich über die Raumgrenze hinwegsetzen (siehe Hilfsmittel für den Alltag, Seite 72).

Wichtig: Unsichere Hunde brauchen die Unterstützung des Leitmenschen. Sie bleiben über die Leine so lange gesichert im Nahbereich, bis sie keine Fluchttendenz mehr zeigen. Einem flüchtenden Hund ist es nicht möglich, den Artgenossen verständliche Signale zu senden, er kann seinen Individualraum nicht sozial kommunizieren (er würde sich lieber in Luft auflösen, als Raum einzunehmen). Er wird entweder zum Opfer oder aber, er greift situativ übertrieben und unkontrolliert an.

Tipp Verfügt man über einen großen Garten, kann es bei einer energetischen Gruppe sinnvoll sein, durch einen Zaun eine kleinere Parzelle abzuteilen. Die Größe der abgeteilten Parzelle sollte so gehalten sein, dass der Hundehalter bei Auseinandersetzungen zügig eingreifen und ein schneller und sicherer Abbruch erfolgen kann.

REVIERVERHALTEN

Natürliche Räume in der Natur bieten Platz für gemeinsame Abenteuer (siehe Räume definieren, Seite 163). Unterwegs markieren Hunde mit Urin und Kot die für sie strategisch wichtigen Punkte, um sich in ihrem Umfeld optimal orientieren zu können. Nach gründlicher Inspizierung, wer schon alles vor ihnen die Strecke gelaufen ist, erfolgt gegebenenfalls ein Übermarkieren (siehe Seite 131) und der Raum ist als Revier gekennzeichnet. Abgesteckt durch Markieren, manifestiert durch ein Übermarkieren und gesichert durch Revierverhalten – Hunde wollen eingenommenen Raum sichern und halten. Dieses bei jedem Hund unterschiedlich stark ausgeprägte territoriale Auftreten ist ein ursprüngliches Verhalten und nichts anderes als die Sicherung des eigenen Lebensraumes.

Die Reviergrenze wird angezeigt durch:
— Großmachen
— Rute steil nach oben stellen
— Wuffen
— Knurren und Bellen (siehe Seite 133)

Verteidigt wird das Revier durch:
— Vorspringen
— Angreifen und Verjagen

Je nach Talent und Veranlagung ist ein territoriales Verhalten bei manchen Hunden stärker ausgeprägt und bei anderen weniger. Als Leitmensch sollte ich wissen, wie meine Hunde veranlagt sind und entsprechend die Raumsicherung übernehmen. Mein Schäferhund Wolfi möchte ein Eindringen von Fremden in unseren „Raum" (Nahbereich) verhindern. Whippet Elsa lädt dagegen jeden fröhlich winkend zu uns ein. Wolfi zeigt mir über Wuffen an, dass sich jemand nähert, das hilft mir, die impulsschwachen Hunde anzuleinen, zu sichern und im Raum zu halten. Sein verbaler Einsatz hilft mir zusätzlich, dass der Entgegenkommende meine Bitte um Abstand ernst nimmt.

Abgesteckt durch Markieren, manifestiert durch Übermarkieren – Hunde wollen eingenommen Raum sichern und halten.

01

RÄUME IN DER NATUR

Die Natur bietet alles, was ein Hundeherz höher schlagen lässt. Unterwegs möchte ich nicht, dass einer meiner mitgeführten Hunde sich verselbstständigt oder verloren geht. Unsere Aktionen sollen gemeinsam ablaufen. Dabei helfen mir gedachte Räume (siehe Räume definieren, Seite 163).

- **Waldspielplatz** – eine Lichtung direkt am Weg. Die Hunde können hier gemeinsam raufen, schnuppern, klettern, Blätter fangen, Rinde und Stöcke benagen und vieles mehr.
- **Wiesenflächen** – freie Flächen (keine Straßen in der Nähe). Sie bieten die Möglichkeit, Geschwindigkeit aufzunehmen, aber auch zu raufen, wälzen, grasen oder trödeln.
- **Wasserstellen** – von der Pfütze bis zum See (auch Meer). Wasser ist ein Lebenselixier, gemeinsam planschen und abkühlen, eintauchen ins kühle Nass und alles abschütteln. Auch die wasserscheuen Hunde kommen an Wasserstellen auf ihre Kosten, denn die Freude der wasseraffinen Hunde ist ansteckend.

Wichtig: Nasse Hunde sind voller Endorphine, also voller übermütiger Energie und guter Laune. Die Erregung führt gern zu einem unkontrollierten Laufspiel. Das bedeutet für den Leitmenschen, dass er den Raum „Wasserstelle" auf den Bereich rund ums Wasser begrenzt und bei Außenreizen rechtzeitig verkleinert. Im nahen Raum lassen sich hochenergetische Hunde besser ansprechen und beruhigen.

☞ PRAXIS ALLTAG

RAUMDENKEN IN DER NATUR SCHULEN

Beispiele aus meiner Hundegruppe

Wiese Habe ich im Haus und Garten verstanden, meine Hunde im gedachten Raum zu halten, kann ich dies in der Natur fortsetzen. Auf einer großen Wiese kann auf der einen Seite der Waldrand und auf der anderen Seite das Maisfeld den Raum „Freilauf" bilden. Dieser Raum ist wiederum, wie bereits der Garten, in kleinere Parzellen aufteilbar. Je zuverlässiger die Hunde agieren, immer gemessen am schwächsten Mitglied der Gruppe, desto mehr Raum kann zur Verfügung gestellt werden (ein, drei, fünf oder zehn Meter Entfernung). Sobald einer der Hunde signalisiert, dass er „aus dem Raum denkt" (zum Beispiel durch intensives Schauen, immer größere Bögen laufen, Mäuseln, Trödeln oder ohne Rückversicherung vorsprinten etc.), erfolgt der Abbruch und Rückruf, das heißt der Raum wird nicht gehalten, sondern verkleinert.

02

01 Wasserspielplatz. Wasser macht alle munter, trotzdem müssen die Raumgrenzen gehalten werden.

02 Waldspielplatz. Gemeinsame Aktionen auf kleinem Raum.

03 Wiesenspielplatz. Möglichkeit, im großen Raum Geschwindigkeit aufzunehmen.

03

Wichtig: Führe ich einen neuen Hund mit, der sdie Gruppenregeln noch lernen muss, ist es ganz entscheidend, dass sich alle alteingesessenen Gruppenmitglieder an die Raumvorgaben halten, denn dadurch bekommt meine Aufforderung mehr Gewicht. Lasse ich die „Alten" laufen und ermahne nur den Neuen im Raum zu bleiben, geht das Gemeinschaftsgefühl verloren.

Wald Im Wald bleiben alle Hunde im Nahbereich, fast so, als wären sie noch angeleint. Im Wald bleiben wir auf den Wegen, Reiterwege und Unterholz sind „Tabuzonen", sprich verschlossene Räume. Akzeptieren die Hunde meine Raumvorgaben, dann lassen sie sich auch bei Ablenkung (Wild, andere Hunde etc.) im Raum halten. Statt sich von der Gruppe zu lösen und auf plötzlich auftauchende Reize zuzustürmen, zeigen mir die Hunde nun die Störungen „von außerhalb" an. So bekomme ich die Möglichkeit, die „Wackelkandidaten" über die Leine zu sichern.

Wichtig: Hunde, die noch nicht bereit sind, Raumgrenzen zu akzeptieren, werden über die Leine im Gruppenraum gehalten (siehe Hilfsmittel für den Alltag, Seite 72).

Aus dem breit gefächerten Laufen werden die Hunde im Bewegungsfluss über die ausgebreiteten Arme zusammengeschoben. Nachzügler Elsa wird über den Fingerzeig extra motiviert.

☞ ÜBUNGEN

RAUM SCHLIESSEN UND ÖFFNEN

Tür auf, Tür zu – Der Leitmensch muss nicht als Erster durch die Tür gehen, aber er öffnet sie. Hunden kann man mitteilen, dass Räume nicht einfach eingenommen, sondern dass sie erst vom Menschen durch ein Signal freigegeben werden.

Übung 1 – Stoppen an der Terrassentür, obwohl diese offen steht. Haben die Hunde im häuslichen Umfeld verstanden, dass ich Türen öffne und Räume freigebe, kann ich dies auch unterwegs in der Natur anwenden.
Übung 2 – Im Wald sucht man sich zwei nebeneinander stehende Bäume und führt seine Gruppe wie durch eine Tür dort hindurch. Man startet mit einer großen Baumlücke und steigert sich mit immer kleiner werdenden „Türen" (Bäume stehen dichter).
Übung 3 – Laufen wir auf einem Pfad, der auf eine große Wiesenfläche führt, reicht ein „Stopp", um die Hunde zu erinnern, dass die Tür zum nächsten Raum (Wiese) so lange geschlossen ist, bis ich sie öffne.
Übung für Fortgeschrittene – Die Hunde einzeln in den nächsten Raum rufen (erst im Haus üben, dann in der Natur).

Fächer/ Flügel – Läuft man im Gruppenverband mit seinen Hunden, müssen diese nicht „bei Fuß" gehen. Hunde können, wenn sie damit umgehen können, vorlaufen, zurückfallen, hin- und herlaufen. Man läuft breit gefächert und nimmt dabei entsprechend viel Raum ein. In einer Reizsituation, zum Beispiel bei entgegenkommenden Passanten oder Bikern, muss der Raum verkleinert werden und die Hunde müssen sich im Nahbereich des Leitmenschen einfinden.

Übung – Ohne Reiz beginnen, indem die Schrittgeschwindigkeit zuerst verringert wird, dann die Hunde körpersprachlich wie einen Fächer zusammenschieben (siehe Ein sicherer Auftritt, Seite 152). Fächert man sich auf einem Wegstück auf der linken oder rechten Seite zusammen, gebe ich ein verbales „Links" oder „Rechts".

Tipp Felder sind für uns geschlossene Räume, zumindest solange sie bewirtschaftet werden. Ausnahmen mache ich, wenn sie brach liegen. Läuft man also an Feldkanten vorbei, mahne ich die Hunde, das Feld nicht zu betreten. Wir fächern uns zusammen und laufen hintereinander oder auch in Zweierreihen. Hunde, die aus der Reihe tanzen, werden gemahnt, sich wieder einzufächern. Dies erfordert von allen Konzentra-

Die seitwärts gehaltenen Arme signalisieren, dass sich die Hunde im Bereich hinter mir aufhalten sollen.

Das enge Laufen in meiner Führung ermöglicht bei plötzlich auftretendem Reiz ein sofortiges Schließen des Raumes.

tion. Bei Wildsichtung auf weiter Fläche hilft die gemeinsam erarbeitete Raumgrenze, „Stopp an der Feldkante", die Hunde im Raum zu halten. Gebe ich die Felder für Rennspiele oder Ähnliches immer frei, habe ich bei Wildsichtung viel schlechtere Karten.

FREILAUF – WAS IST DABEI ZU BEACHTEN?

Die Position des Leitmenschen muss von jedem Freiläufer akzeptiert werden. Es nützt nichts, wenn ich von mir überzeugt bin, aber der Hund ist es nicht. Auch sollte jeder Einzelne sich als Gruppenmitglied verstanden haben und sich in der Gemeinschaft der anderen Hunde wohlfühlen (siehe Das Miteinander, Seite 11).
Hunde sind territorial und haben Spaß an Eroberungen. Laufen wir unterwegs weniger bekannte oder völlig neue Strecken ist das besonders Aufregende daran, dass wir gemeinsam neues Gebiet „erobern". Das Entscheidende dabei ist: neue Wege, Wiesen oder Ähnliches tatsächlich zusammen einzunehmen. Rennt einer der Hunde außer Sicht vor, ist es keine gemeinsame Aktion mehr. Wir sollten deswegen während unseres Walks stets im Austausch mit unseren Hunden bleiben, nur so können wir Räume verständlich definieren und hilfreich einsetzen.

Ein Freilauf ist möglich:

- wenn die Hunde gelernt haben, zu warten, das heißt, sie können ihre eigenen Belange zurückstellen.
- wenn die Hunde auf Ansprache reagieren, vorgegebenen Raum halten und auf Rückruf folgen.
- wenn die Hunde sich auch aus energetischen und triebhaften Situationen heraus abbrechen und stoppen lassen.

Je größer die Gruppe ist, desto wichtiger wird es, dass sich keiner der Hunde im Unterholz verliert, oder vorläuft und hinter Hügelkuppen oder Weggabelungen verschwindet. Laufen Hunde vor, müssen sie gruppenorientiert handeln, das heißt sich immer wieder rückversichern, dass die Gruppe folgt. Gelangen wir an ein schlecht einsehbares Wegstück, gehe ich als Leitmensch voraus und prüfe den nächsten Raum. Hält man die Hunde im Sichtraum, lassen sich zeitnah Gefahren erkennen und dadurch minimieren. So wird auch der Freilauf zur gemeinsamen Aktion und dient als gruppenbindende Maßnahme für ein stimmiges DogTeam.

01

02

PRAXIS ALLTAG

DAS GNU-PRINZIP

Wie anfangs bereits erläutert, bietet eine Gruppe Schutz (siehe Das Miteinander, Seite 11), deshalb nutze ich unterwegs den natürlichen Herdentrieb. Dieser Trieb hat evolutionsbiologische Wurzeln: Innerhalb der Gruppe wird dem Tier Schutz geboten, ein von der Herde losgelöstes Individuum aber ist gefährdet. Ein Gnu zum Beispiel sucht in Stresssituationen den Anschluss an seine Herde: Die Tiere rotten sich zusammen, bilden einen eigenen (Schutz-)Raum für die Schwachen und wirken in der Masse wie eine mächtige Einheit. Gerate ich unterwegs mit meinen Hunden in stressige Situationen, sammeln auch wir uns, aus der gleichen Motivation heraus wie die

Schutzraum bieten:

01 Geschütze Stelle suchen und Lili über den Handzug in den nahen Raum bitten.

02 Der Arm hält die links, das angespannte Bein die rechts stehenden Hunde im Raum.

03 Der rechte Arm schiebt die Gruppe enger zusammen, Bein und Hand halten links den Raum. Der Fokus der Hunde liegt auf mir und nicht auf dem Außenreiz.

»Wenn Raum im Herzen ist, ist auch Raum im Hause.«

Sprichwort

Gnus, auf engem Raum zusammen. Ich möchte es deswegen das „Gnu-Prinzip" nennen. Ich nutze dafür das Zugehörigkeitsgefühl des Einzelnen, er schließt sich im natürlichen Folgemodus der Gruppe an. Das hilft mir in entsprechenden Situationen, die Hunde nah heranzuholen und um mich zu scharen. Entscheidend ist, die schwächsten Mitglieder (ängstlich, triebhaft oder impulsschwach) über die Leine zu sichern. Kommt nun ein Pferd, ein Hund oder auch ein Biker auf uns „zugestürmt", stellen wir uns ihm als Gruppe entgegen und halten unseren Raum. Werden die Hunde nicht gesichert und im nahen Schutzraum gehalten, besteht die Gefahr, dass die Gruppe auseinander gesprengt wird und der Einzelnen weder gesichert noch kontrolliert werden kann.

03

NEU IM REVIER

Die Entscheidung für die Aufnahme eines weiteren Hundes liegt beim Hundehalter. Je klarer die Neueingliederung kommuniziert wird, desto leichter fällt dem Ersthund die Akzeptanz und dem Neuen der Eintritt in die Gruppe (siehe Der/die Neue, Seite 33). Wenn im Vorfeld schon Bedenken bestehen, dann sollte man diese hinterfragen und vorausschauend mögliche Probleme vermeiden. Zum Beispiel sollten Beute, wie herumliegende Knochen oder Spielzeug, weggeräumt werden. Oder aber man gibt den Bedenken nach und entscheidet sich gegen die Aufnahme eines weiteren Hundes.

Mein ganz persönlicher Ratschlag Wer sich auf neutralen Grund treffen muss, damit der Ersthund ein neues Mitglied eventuell akzeptiert, der sollte seinen Hund und sich selbst gar nicht erst mit einem zweiten belasten.
Man sollte sich folgende Fragen stellen:
Können der oder die Ersthunde ihr Haus (ihr Revier) überhaupt teilen? Als Leitmensch sollte man seine(n) Ersthund(e) anleiten und Vorgaben machen können, um später eine harmonischen Mensch-Hunde-WG formen zu können. Ist das möglich?
Einem gemeinsamen Leinenspaziergang mit dem neuen Hund steht natürlich nichts im Wege. Und das darf auch auf neutralen Grund sein. Wie bereits erwähnt, ist der gemeinsame Gang an der Leine ein ganz effektives gruppenbindendes Element.
Im Hinterkopf behalten sollte man, dass man sich bei der Einführung des neuen Mitgliedes bereits als Leitmensch positioniert. Bringe ich einen Neuen in unsere Räume (das Revier meiner Gruppe), bereite ich meine Hunde verbal vor, während ich das neue Hundemitglied (je nach Hund an der Leine) in meinem Schutzraum halte. Meine Hunde registrieren sofort, dass ich mit dem Neuen verbunden bin, dass er mir wichtig ist (siehe Hinten ist alles in Ordnung , Seite 132). Ich frische die Regel „der Unversehrtheit und des gegenseitigen Respektes" (siehe Regeln, Seite 107) auf und zeige so, dass der Neue bei uns Sicherheit und Geborgenheit findet. Im Verlauf der

Sozialisationsphase nabelt sich der Hund in gesundem Maße von mir ab, damit er seine Position innerhalb der Gruppe findet. Als Leitmensch muss ich also mit dem Schutzraum beginnen, um dann Raum für ein Gemeinschaftsgefühl zur Verfügung zu stellen.

Daraus ergibt sich:

— Positionierung als Leitmensch
— Orientierung des Neuen am Leitmenschen
— Gruppe begreift den Neuen als Mitglied
— Vermittlung des Regelwerkes
— Dadurch erfährt der Neue Sicherheit und Geborgenheit

01 – 02 *Gretchen, die „Neue", bleibt bei der Einführung in die Gruppe zunächst in meinem Schutzraum. Die Leine hält den Hund zuverlässig im Nahbereich, sodass ich den Raum nach allen Seiten sichern kann.*

03 – 04 *Der Leitmensch bestimmt den Zeitpunkt der Kontaktaufnahme, zum Beispiel beim ruhigen Laufen. Die Neue wird abgeleint, wenn sie sich in der Gruppe wohlfühlt und den Schutzraum nicht mehr benötigt.*

05 *Beim Ableinen bitte kein Sitz einfordern, sondern die Leine während des Laufens lösen.*

06 *Die Hunde weiterhin entspannt im Nahbereich führen.*

01

02

03

04

05

06

GASTHUNDE

Lade ich Hundehalter auf eine Tour ein, dann haben meine Hunde gelernt, die mitgeführten Hunde in unseren Verbund aufzunehmen und als Mitglieder zu akzeptieren.

So gehen wir vor:

- Der mitgeführte Hund wird über die Leine gesichert.
- Dem Hund wird über Körpersprache Schutz geboten.
- Zu Beginn keine direkte Kontaktaufnahme.
- Bewegung aufnehmen und mehr (Leinen-) Raum geben.
- Ein gemäßigter (höflicher) Kontakt ist jetzt möglich.

Faustregel Agieren statt reagieren (mal schauen was passiert, ist der falsche Ansatz).
Hilfsmittel Leine, gegebenfalls Maulkorb

HUNDEBEGEGNUNGEN

Wir laufen unterwegs häufig auf großen weiten Wiesenflächen. Hier kann man sehr schön beobachten, wie Hunde mit Räumen umgehen. Bleibt jeder in seinem Bereich, gibt es keine Probleme. Signalisiert ein Hund, die Grenzen des anderen überschreiten zu wollen, sollte eine Kontaktaufnahme nicht den Hunden überlassen werden, sondern zwischen den Hundehaltern geklärt werden. Das ist in unseren dicht besiedelten Gebieten eine ganz normale Aktion im höflichen und respektvollen Miteinander.
Möchte der entgegenkommende Hundehalter keinen Kontakt, bleibt jeder in seinem Raum und man zieht aneinander vorbei. Ist Kontakt erwünscht, öffnet man seinen Raum und „fusioniert“. Wir sollten also eine genaue Vorstellung davon haben, ob wir ein Aufeinandertreffen wollen oder nicht. Lehnt man Kontakt ab und trifft dann auf weniger kooperative oder unwissende Hundehalter, können mit einem gut formierten DogTeam auch solche Begegnungen gemanagt werden (siehe Gnu-Prinzip, Seite 176).
So wie Sie Ihre Hunde einschätzen können, sollten Sie auch Fremdhunde lesen lernen: Will der Fremde uns aus dem Weg gehen, oder wird er sich nähern? Wird er sich uns distanziert, distanzlos, jagdmotiviert oder territorial präsentieren? Denken wir auch bei Fremdhundebegegnungen in Räumen, ermöglicht uns das, richtige Entscheidungen zu treffen und die Kontrolle über die Gruppe zu halten.

JA, ICH MÖCHTE KONTAKT

Für eine Kontaktaufnahme brauche ich das „OK“ vom entgegenkommenden Hundehalter. Wird ein Treffen von beiden (oder mehreren) Hundehaltern begrüßt, steht einer Zusammenführung nichts im Wege. Die Anforderungen an den Gruppenleiter steigen bei wachsender Hundeanzahl.

01 Ein freilaufender Hund gefährdet unser Gruppengefüge: Lanka droht auszubrechen.

02 Das linke Bein schiebt Lanka zurück in den Leinenraum und stoppt den entgegenkommenden Hund.

03 Das rechte Bein geht nach vorn, holt sich Raum zurück und sichert so den Individualbereich der Gruppe.

01

03

Faustregel Es ist der Hundehalter verantwortlich, der die größere Gruppe anführt. Ziel muss sein, die Kontrolle über die gesamte Gruppe aufrechtzuerhalten.

Tipp Kennen sich die Hunde, besteht bereits eine Erwartungssicherheit und es ist kein Problem, wenn sie frontal aufeinander zulaufen. Schließen sich uns fremde Hundehalter an, ist es günstiger, sich seitlich anzunähern, um erst ein Stück nebeneinander entspannt zusammenzulaufen, bevor ein größerer und damit auch energetischerer Raum freigegeben wird.

NEIN, ICH MÖCHTE KEINEN KONTAKT

Dem entgegenkommenden Hundehalter sollte deutlich signalisiert werden, dass kein Kontakt erwünscht ist. Ist er kooperativ, gibt es keine weiteren Probleme, der Hund wird zurückgerufen, angeleint und mit angemessenem Abstand (Raumgrenzen beachten) vorbeigeführt. Hunde kennen kein vielleicht, werden sie von einem unschlüssigen Hundehalter geführt, müssen wir unseren Wunsch: „Keinen Kontakt bitte!" klar und selbstsicher kommunizieren. Je deutlicher wir auftreten, desto besser machen wir uns dem Fremdhund gegenüber verständlich:

02

- Bewegung und Dynamik aus Situation nehmen – stehen bleiben
- Gruppieren – Gemeinsamkeit demonstrieren – Raum einnehmen.

Der eingenommene Raum wird durch deutlich ausgrenzende Körpersprache gehalten, dabei kommen Beine, Arme und Hände zum Einsatz. Ein verbales Signal wie „Stopp" zeigt gleich dreifache Wirkung:

- Für den Fremdhund („wir möchten keinen Kontakt")
- Für den Hundehalter („Hallo, Gefahr") und
- Für die Gruppe („mein Job")

Wichtig: Hunde begegnen sich in Bögen und nähern sich vorzugsweise von hinten. Hat man die Begegnung frontal überstanden, muss folglich auch der Rückraum gesichert werden. Wir drehen uns also mit dem Fremdhund – Hunde wissen sehr genau, dass sie gesehen werden – bleiben von Angesicht zu Angesicht und behalten so die Kontrolle über die Situation.

WARUM ALSO „RÄUME"?

Räume bieten Orientierung, Schutz und Sicherheit (Halt). Hunde probieren sich aus und wollen sich in ihrem Raum erfahren und spüren. Der Hundehalter sichert seinen Status als Leitmensch, indem er Räume definiert und Grenzen setzt. Testen Hunde diese aus, überprüfen sie nichts anderes als unserer Führungsqualitäten. Gibt der Leitmensch Räume vor, bleiben die Hunde aufmerksam und ansprechbar. Räume schulen die Impulskontrolle (eigene Bedürfnisse aufschieben), Frustrationstoleranz und fördern die Eigenkorrektur, das sind wichtige Fähigkeiten für Hunde in der Mehrhundehaltung. Der Hundehalter kann reflektieren, wo er seine Hunde noch erreicht und wo seine Einflussnahme ein Ende hat. Wenn man weiß, wie weit die eigenen Fähigkeiten reichen und die Hunde rechtzeitig begrenzt, kann man sie im Raum halten und schützen (sicher behüten). „In Räumen denken – Grenzen setzen" ermöglicht dem Leitmenschen folglich, die Kontrolle über die Gruppe zu behalten.

»Ich sehe und ich erkenne.
Ich höre und ich verstehe.
Ich erfahre und ich begreife.«

unbekannt

DIE ORIENTIERUNG

Gesunde Hunde agieren instinktiv und schon als Welpen streben sie danach, alles für sie lebensnotwendige erfüllt zu bekommen. Sie formen ihre Persönlichkeit in ihrem Lebensraum, indem sie die körpereigenen Begrenzungen testen und schulen und leben ganz selbstverständlich mit den Konsequenzen, die sich daraus ergeben (siehe Spielerische Statusfindung, Seite 147). Um sich in Räumen zurechtzufinden, braucht es Orientierung. Diese erhalten die Hunde zum einen über Reglementierung, denn Regeln geben Struktur und Sicherheit (siehe Regeln, Seite 107). Zum anderen müssen Hunde ihren Grundbedürfnissen nachkommen dürfen: Riechen, Sehen, Hören, Tasten und Schmecken. Die über die Sinnesorgane (Nase, Augen, Ohr, Zunge, Haut) erhaltenen Informationen machen es möglich, sich räumlich und zeitlich in Situationen zurechtzufinden. Eine gute Orientierung hilft dabei, Situationen zu erkennen und wiederzuerkennen, um sie wiederum zeitlich, örtlich und sozial in Beziehung miteinander bringen zu können. Sie fragen sich, ob Hunde das können? Das können sie! Jeder meiner Gäste ruft sich bei Urlaubsantritt das hier Erlebte in Erinnerung und weiß sofort Bescheid, wie er sich zu verhalten hat. Je öfter er bereits Urlaub bei uns gemacht hat, desto besser seine Orientierung. Ein anderes Beispiel ist der Besuch in der Hundeschule, bei dem die Hunde vorbildhaft agieren und kaum sind sie zu Hause und begegnen dem Nachbarshund ist das gute Benehmen dahin. Hunde wissen sehr genau, was sie wann tun. Weil sie räumlich denken, haben sie in jeder Hinsicht eine ausgezeichnete Orientierung.

Gemeinsam Balancieren

Sich gemeinsam ausprobieren

☞ ÜBUNGEN

GEMEINSAM ORIENTIEREN

Wenn wir uns aktiv im Raum bewegen, können wir unsere Orientierung im Raum verbessern und Situationen schneller erfassen. Mit unseren Hunden können wir uns als Team gemeinsam in Folgendem schulen:

Gleichgewichtssinn und Tiefensensibilität (Muskelsinn) – Mit den Hunden gemeinsam über Baumstämme balancieren. Erst jeder einzeln, dann alle zusammen oder umgekehrt. Beachten Sie dabei, dass keiner den Raum verlässt. Manche Hunde nutzen solche Aktionen aus, um unbemerkt die Gruppe zu verlassen und aus ihrer Sicht spannenderen Aktionen nachzugehen.

Gedächtnis – Durch Suchspiele: Leckerli oder andere Beute verstecken, während die Hunde warten. Suchfläche freigeben und gemeinsam suchen. Hier braucht es keine zusätzliche Anfeuerung, in der Regel sind die Hunde ausreichend motiviert. Mehr würde sie überstimulieren.
Tipp Beute verstecken und Raum schließen. Am nächsten Tag den gleichen Platz aufsuchen und schauen, wer sich an Beute und Versteck erinnert.

Aufmerksamkeit – Jeder hängt ab und zu seinen eigenen Gedanken nach, das ist völlig in Ordnung und trägt zum entspannten Walk bei. Damit sich aber keiner der Hunde völlig in seiner eigenen Welt verliert und dort nur schlecht erreichbar ist, schule ich die Aufmerksamkeit durch Richtungs- oder Schrittgeschwindigkeitswechsel, auch ein „Stopp“ und Rückwärtslaufen baue ich ab und zu ein. Lasse ich die Hunde weiter versprengt laufen, verkleinere ich regelmäßig den Raum, um ihn dann wieder zu öffnen. Das schult und hält die Aufmerksamkeit.
Tipp Laufen wir auf stark frequentierten Wegen, kann ich meine Hunde über die Signale „Links“ und „Rechts“ steuern. Die verbale Ansprache dient dabei als Impuls, um die Aufmerksamkeit des Einzelnen zu erhalten. Dieser orientiert sich darauf am Gruppenzug und folgt konzentriert dem Richtungswechsel. Meine Worte hören aber auch die entgegenkommenden Passanten und lassen uns entsprechend Raum – leider nicht immer, aber meistens.

„MODERN WORLD“

„Nur wer sich bewegt, spürt seine Ketten“ heißt es in einem Grafitti. Die moderne Welt bietet allerdings immer weniger Möglichkeiten, sich körperlich fortzubewegen. Kinder werden im Buggy geschoben und schauen in den Computer, anstatt zu laufen und auf dem Spielplatz zu klettern. Der Erwachsene sitzt im Büro und statt zu Fuß zu laufen, werden auch kurze Wege mit dem Auto erledigt. Das ist natürlich sehr pauschalisiert. Doch je weniger wir uns körperlich bewegen, desto mehr geht uns die Fähigkeit für eine ausreichende Orientierung abhanden. Wir verlernen nach und nach, zeitlich, örtlich und sozial situativ angemessen zu agieren. Unsere Hunde haben uns in puncto Bewegung einiges voraus. Sie riechen in Bildern (siehe Hunde sind Nasentiere, Seite 131) und denken räumlich, sie wissen rein instinktiv Bescheid über die jeweilige Situation. Wenn wir die Fähigkeiten unserer Hunde wahrnehmen und anerkennen, können wir davon profitieren und einem gelungenen Miteinander steht nichts mehr im Weg.

»Grenzen sind keine Strafe, sie schaffen Spielraum und öffnen Türen.«

Ursula Löckenhoff

Trimm-Dich-Pfad für Mensch und Hund

WENN ES ENDET

— *Abschied nehmen*

Hunde werden leider nicht so alt wie wir Menschen und können mit uns nur eine begrenzte Zeit gemeinsam durchs Leben gehen. Je mehr Hunde die Familie bereichern, desto mehr werden folglich sterben und so galt es auch für mich bereits einige Male, Abschied zu nehmen. Sogar während der Entstehung dieses Buches, als mein Seelenhund Macano mich verließ. Es wird nicht weniger traurig, je häufiger man einen Hund verliert. Im Gegenteil, man erlebt den Tod bewusster und damit schmerzhafter, man lernt aber auch, mit ihm umzugehen und ihn zu akzeptieren. Hunde, die „normal" altern, machen es leichter zu verstehen. Es ist zwar traurig, aber alt werden und sterben gehört nun mal zum Leben dazu. Zum Thema Sterben und den damit verbundenen Fragen gibt es keinen allgemeingültigen Rat, dafür ist das Leben zu vielfältig und entsprechend flexibel sollten wir darauf reagieren.

»Der Tod ist das Tor zum Licht am Ende eines mühsam gewordenen Weges.«

Franz von Assisi

Steht der Sterbefall bevor, ist es empfehlenswert, einen Tierarzt an der Seite zu haben, dem man vertraut und der die Hunde und ihre Geschichten kennt. Er kann den Zustand des Hundes richtig einschätzen und berät objektiv, welche

01

Entscheidungen zu treffen sind. Auch die Familienmitglieder und die Hundegruppe sollten am Sterbeprozess teilhaben, ihn verfolgen und verstehen dürfen. Ich habe die Erfahrung gemacht, dass Hunde sehr natürlich, geradezu pragmatisch mit dem Tod ihres Freundes umgehen.

Während der Hund altert und mehr und mehr abbaut, gilt es zu durchdenken:

- Wie geht man mit dem Sterbeprozess um, wer trifft Entscheidungen?
- Wie erklärt man seine Entscheidung der Familie und wie kann man die Gruppenmitglieder am Prozess „Sterben" und „Tod" teilhaben lassen?
- Was geschieht nach dem Tod? Soll der Hund begraben oder eingeäschert, die Asche verstreut oder in einer Urne aufbewahrt werden?

Unsere Hunde leben mit uns im Familienverbund. Auch sie wollen sich verabschieden, genauso wie wir es tun, sie wollen verstehen, warum ihr Freund nicht mehr aktiv dabei ist.
Die Worte von Michelangelo sagen es treffend: „Du bist nicht tot, Du wechselst nur die Räume. Du lebst in uns und gehst durch unsere Träume."

02

Starb einer unserer geliebten Hunde, haben wir trotz der tiefen Trauer Erinnerungen ausgetauscht, gemeinsam geweint und auch gelacht, während die verbliebenen Hunde sich auf ihre Weise verabschiedet haben. Sie legten sich neben den toten Freund, beschnüffelten ihn, suchten noch einmal seine Nähe, kuschelten mit uns und leckten unsere Tränen ab. Das natürliche „Bedürfnis nach Zugehörigkeit" kommt auch beim Sterben zum Tragen, denn der gemeinsame Abschied vom Freund verbindet. Der möglichst normal weiterlaufende Alltag sollte einem selbst und den Hunden Zeit und Raum geben zu trauern. Es sind ja vor allem die liebgewonnen Abläufe ohne den Freund, die schmerzen, und die sich nun neu ordnen müssen.

Mögliche Anzeichen des bevorstehenden Abschieds:

- Auffälliges Absondern oder im Gegenteil, ein extremes Nähe-Bedürfnis entwickeln
- Unruhe, zielloses Umherwandern
- Appetitmangel und/oder kein Interesse, Wasser aufzunehmen (Folge: Dehydrierung, ausgetrocknete Schleimhäute)
- Durchfall und/oder Erbrechen
- Der Hund kann nicht stehen, geschweige denn laufen.
- Spasmische Muskelzuckungen
- Er entleert Urin und Kot mehr oder weniger unkontrolliert.
- Atemstörungen, der Hund zieht Luft ein.
- Große inoperable ggfs. schmerzhafte Tumore beeinträchtigen die Lebensqualität des Hundes.
- Konstante Schmerzlaute wie Weinen oder Jaulen
- Schwacher und langsamer Puls
- Untertemperatur, ein ausgekühlter Körper

01 *Bruno und Celine haben uns letzten Sommer verlassen. Wir haben mit ihnen wundervolle gemeinsame Zeiten verbracht. Mit 16 Jahren wurden sie müde und ihre Körper konnten nicht mehr. Es war an der Zeit die Räume zu wechseln.*

02 *Macano – mein Seelenhund – stand mir stets treu zur Seite. Jetzt trage ich ihn im Herzen. Es ist schwer, weil ich ihn nicht mehr sehen und halten kann.*

EIN WORT ZUM SCHLUSS

»Wir müssen uns sein Vertrauen und seine Freundschaft nicht erwerben – er wird als unser Freund geboren und glaubt schon an uns, wenn seine Augen noch geschlossen sind.«

Maurice Maeterlinck

Eingangs habe ich gesagt: Mehrhundehaltung muss man leben wollen. Ich habe in diesem Buch meine Erfahrungen mit Ihnen geteilt und Ihnen mit den „Give me five" einen Leitfaden an die Hand gegeben. Man muss Hunde natürlich auch lieben und so steckt in diesem Buch auch viel von meiner Liebe zu den Hunden. Ich bin mit Pferden und Hunden aufgewachsen, dazu wurde ich von einem großen Familienverbund getragen: meinen Eltern, meinen beiden Brüdern, meinen Großeltern, meinen Tanten, meinen zahlreichen Cousins und Cousinen. Über Regeln und Rituale haben wir stets ein Miteinander gefunden. Meiner „Tierverrücktheit" stehen jedoch viele skeptisch gegenüber, denn Mehrhundehaltung, den Alltag mit mehreren Hunden zu teilen, ist eine Lebenseinstellung. Nicht immer trifft man auf Verständnis und so werde ich unterwegs oft gefragt:

- „Sind das alles Ihre?",
- „Vertragen sich denn alle?"
- „Schaffen Sie das alles alleine?"

Dies ist der Zeitpunkt meiner Familie zu danken: Leonie, Lukas, Lilian und meinem Mann André. Sie unterstützen meine Tätigkeit als Leiterin eines familiären Hundehotels und zusätzlich seit vielen Jahren mein Engagement als Pflegestelle. Darüber habe ich (und tue es noch) vielen Hunden in Not ein erfülltes Leben ermöglichen können. Hunden, die wie Müll weggeworfen wurden, auf Tötungslisten standen oder ihr ganzes Leben im Tierheim verbringen sollten. Es macht mich glücklich, eine Stimme für die zu sein, die nicht für sich selbst sprechen können. Es macht mich glücklich, mit meinen Schützlingen zu arbeiten, sie ihren Familien zuzuführen und mitzuerleben, wie sie den Alltag ihrer Menschen bereichern. Im Rahmen des Hundehotels kann ich feststellen, dass es keinen Unterschied macht, ob es sich um einen Rasse- oder Tierschutzhund handelt: Hunde wollen uns begleiten, in unserer Nähe sein und uns glücklich machen. Das ist ihre Lebensaufgabe.

Als Mehrhundehalter hat man also doppelt, dreifach oder gleich dutzendfach Glück. Mit dem Glück ist das nur leider nicht immer so einfach. Es kommt nicht von allein und ist auch nicht fortwährend greifbar. Ich werde oft gebeten, eine Anleitung für ein harmonisches Zusammenleben mit mehreren Hunden zu geben und so ist dieses Buch entstanden. Es gibt für die Mehrhundehaltung kein „Schema F", keinen Bauplan und keine „XYZ-Methode". Hunde sind keine Maschinen genauso wenig wie wir Menschen. Zusätzlich ist das Leben wenig vorhersehbar und nur bedingt planbar, entsprechend flexibel und dynamisch sollte sich das DogTeam zeigen. Ich habe Ihnen auf den vorangegangenen Seiten viel über das ursprüngliche Verhalten unserer Hunde erzählt und von ihrem Naturell, uns Menschen zu verstehen. Ich konnte Ihnen zeigen, dass Hunde sich als Teil des Ganzen, als Einheit sehen und in Problemsituationen eine Erwartungshaltung an ihren Leitmenschen haben. Führe ich die Gruppe aus einer schwierigen Situation, zeige Verständnis und gebe Sicherheit, werde ich den Anforderungen an einen Leitmenschen gerecht. Nach Problemen kann sich so die Harmonie wieder einstellen. Und dann sind wir wieder beim Glück, das nicht größer sein kann, als wenn mir die Hunde bestätigen, dass sie mir vertrauen. Ich hoffe, dass Ihnen dieses Buch hilft, genau dieses Glück im Zusammenleben mit Ihrem DogTeam zu finden.

Menschen wie Hunde haben ein natürliches Bedürfnis nach Zugehörigkeit, auch darüber habe ich gesprochen. Hunde sind aber viel selbstloser als wir: Schauen Hunde in einen Spiegel, erkennen sie sich selbst nicht darin, aber unser Spiegelbild können sie sofort zuordnen, sie reagieren mit Freude und wenden sich uns zu. Sie brauchen uns – und wir sie auch, denn sie machen uns glücklich.

ZUM WEITERLESEN UND WEITERKLICKEN

BÜCHER AUS DEM KOSMOS-VERLAG

Feddersen-Petersen, Dr. Dorit
Ausdrucksverhalten beim Hund
Hundepsychologie

Gansloßer, Udo u. Käufer, Mechthild
Auszeit auf Augenhöhe. Mensch-Hund-Spiel

Heberer, Ute, Brede, Nora u. Mrozinski, Normen: **Aggressionsverhalten beim Hund**

Käufer, Mechthild: **Spielverhalten bei Hunden**

Kitchenham, Kate: **Wissen Hunde, dass sie Hunde sind?** Wie Hunde denken und fühlen

Löckenhoff, Ursula: **Dogwalk.**
Wie Hunde freudig folgen.

Von der Leyen, Katharina: **Die zweite Chance.**
Hunde mit Vergangenheit

FILME ZUR MEHRHUNDEHALTUNG

Bestellbar unter:
www.kosmos.de/digital/kurse/webinare/

Löckenhoff, Ursula:
Unterwegs mit einer Hundegruppe.
Dauer: 1 Stunde 56 Minuten.

Gruppenharmonie erlangen und erhalten.
Dauer: 2 Stunden 7 Minuten

NÜTZLICHE ADRESSEN

Bene Bello
Hundehotel, Hundehort, Hundereha, Scoutcamp und Touren.
Ursula Löckenhoff
www.bene-bello.de

61°möbeldesign
Eva Maria Heselhaus
www.61grad.de

TIERSCHUTZ

Galgo-Hilfe e. V.
www.galgo-hilfe.de

Galgo-Friends e. V.
www.galgo-friends.org

Galgo-Lovers A.s.b.l.
www.galgo-lovers.org

Tierherberge Donzdorf
www.tierherberge-donzdorf.de

Tiere in Not Odenwald e. V.
www.tiere-in-not-odenwald.de

DANKE

Ich danke meiner Familie, André, Leonie, Lukas, Lilian Löckenhoff und meinem Vater Joachim Wackerbauer; meiner Lektorin Ute-Kristin Schmalfuß und meiner Kollegin Claudia Richter für den Austausch; meinen Hunden und Hundegästen. Mein besonderer Dank gilt Alexandra Sassenfeld.

REGISTER

Abgrenzung 164 f.
Abschied nehmen 184 f.
Akzeptanz 66
Amtstierarzt 27
Augenkontakt 129 f.

Begrüßung 58
Begrüßungsrituale 138
Beifall 154
Beinschranke 155
Beutespiel 145
Bewegungsdrang 146
Beziehung und Bindung 54 f.
Bezugsperson 56
Box 75 f., 121

Cortisol 120

Disziplinieren 36
DogTeam 16
Dominoeffekt 37 f.
Doppelführleine 90

Eigenkorrektur 92 f., 104
Einzeltraining 52
Erfahrungen sammeln 25
Ersthund 31 f.
Erwartungssicherheit 17 f.
Erziehungsdefizit 40
Etablieren von Regeln 60

Fanghand 90
Fellpflege, gegenseitige 140
Flügel 154
Freilauf 175
Freilauf, gesplitteter 102 ff.
Freiraum 162
Füße 155
Fütterung 62 f.
Fütterungsabfolge 64 f.

Gasthunde 179
Geduld 24, 28
Gehorsam 66
Gemeinschaft 51 f.
Gerechtigkeit 67
Give me five 20 f.
Gnu-Prinzip 176 f.
Grenzen kennenlernen 36
Grenzen setzen 158 ff.
Gruppe 8, 12 ff.
Gruppe, Entwicklung der 19 f.
Gruppe, gemischte 38 f.
Gruppenbildende Maßnahmen 32
Gruppenbindende Maßnahmen 59
Gruppendynamische Einflussnahme 68 f.
Gruppengefühl 84
Gruppenleiter 17 f., 22 ff., 51
Gruppenmitglieder 16
Gruppenspezifische Werte 114
Gruppenverständnis 103
Gruppenziel 17 f.
Gruppenzugehörigkeit 36 f.

Hallo-Arm 152
Hallo-Hand 153
Hand wird zum Fang 138 f.
Handstopp 153
Handzug 153
Hausleine 76 f.
Hilfsmittel 72 ff.
Höhle 75 f., 121
Humor 24
Hundebegegnungen 179 f.
Hundebett 121
Hundebox 75 f.
Hundegruppe 16 f.
Hundehalter 22 ff.
Hündin 38

Imponierspiel 145
Individualgeruch 132
Individualraum 97, 161
Informationsübermittlung 88
Innerartliche Auseinandersetzungen 41
Integration 119

Jagdspiel 145

Kampfspiel 144
Kommunikation 125 ff.
Kommunikation mit dem Ersthund 32
Kommunikation, körperliche 152 ff.
Kommunikationsmittel Leine 86 f.
Kommunikationsprobleme vermeiden 22
Konsequenz 24, 38, 115
Kontaktaufnahme 129 f.
Korrektursituation 57
Kosten 22
Kurze Leine 98

Lautaustausch 133 f.
Lautgebung, menschliche 134 ff.
Leine 57, 77 ff.
Leine, Arbeit mit der 79 ff.
Leine, Konflikte 92
Leinenführigkeit üben 90
Leinenführung mit mehreren Hunden 88 ff.
Leinengang, Erfolgstipps 94
Leinengang, Übungen 98 ff.
Leinenimpulse 86, 88
Leinenraum 96 f., 168 f.
Leitmensch 16 f., 38, 47 ff.
Leitmensch, Qualitäten des 23 f.
Leitmensch, Übungen für den 70 f.
Loslassen können 28

Massagen 65
Maulkorb 72 ff.
Medizinische Versorgung 65
Mehrhundehaltung, Probleme 40 f.
Mehrhundehaltung, Regeln für die 123
Mehrhundehaltung, Voraussetzungen 22
Meideverhalten 57, 66
Meutespiel 145
Missverständnisse vermeiden 22
Miteinander 11 ff.
Mobbing 143

Olfaktorische Wahrnehmung 131
Orientierung 182 f.

Pflegehund aus dem Ausland 26 f.
Pflegeprogramm 64 f.
Pflegestelle, Voraussetzungen 26 f.
Pflegestellen-Alltag 28 f.
Pföteln 141
Position und Status 35 f.
Prägung, fehlende 134
Problembewältigung 52 f.

Raum einnehmen und halten 166 f.
Räume 157 ff.
Räume definieren 162 f.
Räume in der Natur 172 ff.
Regeln im Alltag 113
Regeln vorleben 116 f.
Regeln, gruppenspezifische 122
Regelwerk 107 ff.
Ressource, Mensch als 61 f.
Ressourcen 60 ff.
Ressourcen verwalten 60 ff.
Ressourcensicherung 62
Revierverhalten 170 f.
Riechwahrnehmung 131
Rituale 114 f.
Rücksichtnahme 34
Rüde 38
Rudel 18
Ruhe etablieren 121 f.
Ruhebedürfnis 119 f.
Ruhephasen 75 f.

Schlaf 119 f.
Schlafmangel 120
Schleppleine 104 f.
Selbstkontrolle 103
Sexualtrieb 38 f.
Situative Gemeinschaften 18
Souveränität 24
Soziale Kompetenz 34, 41
Soziale Lebewesen 30 ff.
Soziale Vorteile 41
Sozialer Austausch über die Leine 87
Soziales Gefüge 51 f.
Soziales Verhalten erlernen 24
Sozialisierungsphase 33
Spiel 142 ff.
Statusfindung 35 f.
Statusfindung, spielerische 147 f.
Stress 120
Stressresistenz 24
Strukturen 109 ff.
Symbiose Mensch und Hund 59

Tabuzonen 70 f.
Tagesabläufe ritualisieren 24
Territorialität 161 ff.
Traces-Verfahren 27
Triebe 38 f., 119 f.

Umstrukturierungen 19
Ungerechtigkeit 67

Verantwortung 28
Verantwortungsbewusstsein 23
Verhaltensauffälligkeiten 72 ff.
Verlässlicher Mensch 56
Vertretung im Notfall 22
Vorbereitung 25
Vorbildfunktion, unerwünschte 40

Welpe 112

Zärtlichkeiten austauschen 137
Zeigefinger 154
Zeit 23
Zielstrebigkeit 24
Zugehörigkeitsgefühl 21, 37, 84

Am unsichtbaren Band —— des Vertrauens

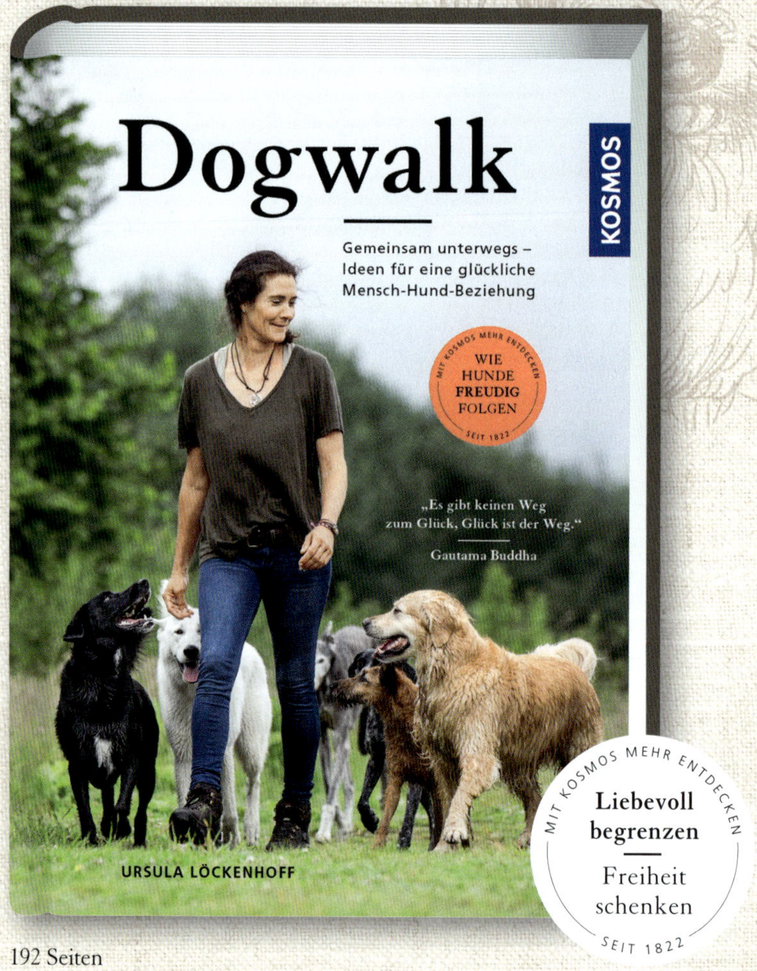

192 Seiten

Ursula Löckenhoffs Dogwalk-Konzept bietet eine einzigartige Möglichkeit, Hunde über eine glückliche Mensch-Hund-Beziehung erfolgreich zu führen. Beim Dogwalk, einem intensiven Spaziergang, arbeitet sie im Wechselspiel von Freiraum geben und Grenzen setzen. Kommunikation über Körpersprache, wiederkehrende Rituale und die Leine als „Hand zum Hund" helfen im Nahbereich so zu kommunizieren, dass die Verbundenheit auch im Freilauf Bestand hat. Mensch und Hund bringen sich gleichermaßen als Persönlichkeit ein und es entsteht ein unsichtbares, aber festes Band des Vertrauens.

kosmos.de

BILDNACHWEIS

192 Farbfotos wurden von Anna Auerbach/Kosmos für dieses Buch aufgenommen. Weitere Farbfotos von Ruth Benger (1: S. 44 unten), Armin Hauke (1: S. 27), Andrea Heidebroek (1: S. 28), Claudia Holl (1: S. 42 links), Ursula Löckenhoff (1: S. 18, 2: S. 19, 2: S. 29, 1: S. 32, 2: S. 33, 1: S. 34, 2: S. 35, 1: S. 36, 1: S. 40, 2: S. 41, 1: S. 58, 1: S. 65, 1: S. 74, 1: S. 75, 1: S. 76, 2: S. 112, 2: S. 113, 2: S. 115, 2: S. 116, 1: S. 117, 2: S. 130, 1: S. 131, 1: S. 132, 1: S. 133, 3: S. 136, 2: S. 137, 2: S. 138, 2: S. 139, 1: S. 140, 1: S. 141, 2: 142, 2: S. 143, 171, 2: S. 182, 1: S. 183, 1: S. 184, 1: S. 185), Marion Steinhauer (1: S. 44 oben), Katharina Will (1: S. 18, 1: S. 76).

IMPRESSUM

Umschlaggestaltung von GRAMISCI Editorialdesign, München unter Verwendung von Farbfotos von Anna Auerbach/Kosmos

Mit 253 Farbfotos

Alle Angaben in diesem Buch erfolgen nach bestem Wissen und Gewissen. Sorgfalt bei der Umsetzung ist indes dennoch geboten. Der Verlag und die Autorin übernehmen keinerlei Haftung für Personen-, Sach- oder Vermögensschäden, die aus der Anwendung der vorgestellten Materialien, Methoden oder Informationen entstehen könnten.

Unser gesamtes Programm finden Sie unter **kosmos.de**
Über Neuigkeiten informieren Sie regelmäßig unsere Newsletter, einfach anmelden unter **kosmos.de/newsletter**.

Gedruckt auf chlorfrei gebleichtem Papier

ISBN 978-3-440-15604-9
Redaktion: Ute-Kristin Schmalfuß
Gestaltungskonzept: Peter Schmidt Group GmbH, Hamburg
Gestaltung und Satz: Atelier Krohmer, Dettingen/Erms
Produktion: Andrea Hehn
Druck und Bindung: Mohn Media Mohndruck GmbH, Gütersloh
Printed in Germany / Imprimé en Allemagne

FSC
www.fsc.org
MIX
Papier | Fördert gute Waldnutzung
FSC® C011124